园林规划设计

◎周雪平 郭 莉 李 玥 主编

中国农业科学技术出版社

U0306334

图书在版编目（CIP）数据

园林规划设计 / 周雪平，郭莉，李玥主编. -- 北京：中国农业科学技术出版社，2024. 8. -- ISBN 978-7 -5116-6965-0

Ⅰ. TU986

中国国家版本馆 CIP 数据核字第 2024F5Z525 号

责任编辑	周伟平
责任校对	李向荣
责任印制	姜义伟　王思文

出 版 者	中国农业科学技术出版社
	北京市中关村南大街 12 号　　邮编：100081
电　　话	（010）82106638（编辑室）（010）82106624（发行部）
	（010）82109709（读者服务部）
网　　址	https://castp.caas.cn
经 销 者	各地新华书店
印 刷 者	中煤（北京）印务有限公司
开　　本	185 mm × 260 mm　1/16
印　　张	14.5
字　　数	317 千字
版　　次	2024 年 8 月第 1 版　2024 年 8 月第 1 次印刷
定　　价	58.00 元

《园林规划设计》编委会

主　编：

周雪平（青海农牧科技职业学院）

郭　莉（西宁城市职业技术学院）

李　玥（青海农牧科技职业学院）

副主编：

张紫薇（西宁植物园）

郑　玲（西宁市公园管理服务中心）

侯世洁（西宁城市职业技术学院）

参　编：

张聪聪（海东工业园区乐都工业园管委会）

王晓蒙（青海农牧科技职业学院）

赵雨薇（青海农牧科技职业学院）

邹　苗（杭州园林设计院股份有限公司）

李亚倩（青海农牧科技职业学院）

蔡思彤（青海农牧科技职业学院）

刘　慧（青海农牧科技职业学院）

马小雯（青海农牧科技职业学院）

杨晓龙（青海农牧科技职业学院）

任钊江（青海农牧科技职业学院）

徐少南（青海农牧科技职业学院）

李永金（青海农牧科技职业学院）

闫国苍（青海农牧科技职业学院）

靳　伟（青海农牧科技职业学院）

盛庭岩（青海农牧科技职业学院）

郭良辉（青海省林业工程监理中心）

内容简介

《园林规划设计》是针对高等职业院校园林专业特点编制的活页式教材。本书结合高等职业院校的教育特点，立足园林岗位技术需求，理论知识以够用为尺度，实践技能以实用为准绳，注重知识和技能的综合，以培养应用型园林专业人才为目标，打破传统观念，创新采用项目任务驱动的形式，力求做到理论与实践相结合，继承与创新相统一。

本书结合园林实践项目特点，采用全新体例编写，全书分为理论篇和实践篇，其中，理论篇阐述了4部分：认识中外古典园林、园林方案设计、园林规划设计的艺术原理和国家公园规划设计，实践篇分为7部分：园林构成要素设计、城市道路绿地规划设计、庭院、屋顶花园和城市田园规划设计、居住区绿地规划设计、公园绿地规划设计、城市广场规划设计、旅游景区规划设计。各部分内容按照工作任务流程依次展开，分为任务导入、任务工单、任务准备、任务实施、任务总结及经验分享、任务检测和任务评价7个环节，有助于培养学生自主学习和团队协作等能力。

本书编写力求体现高职教育的特点，注重理论与实践相结合、简练直观、深入浅出，易于学生理解掌握。本书配有知识拓展链接和习题链接，可扫描二维码查看和学习。

本书可供高等职业院校园林技术、城市规划、景观规划设计、建筑学、旅游、环境艺术、林业及相关专业作为教材在教学中使用，也可供园林绿化工作者和园林爱好者参考。

前 言

  2023 年 7 月，习近平总书记在全国生态环境保护大会中强调，今后 5 年是美丽中国建设的重要时期，要深入贯彻新时代中国特色社会主义生态文明思想，坚持以人民为中心，牢固树立和践行"绿水青山就是金山银山"的理念，把建设美丽中国摆在强国建设、民族复兴的突出位置，推动城乡人居环境明显改善、美丽中国建设取得显著成效，以高品质生态环境支撑高质量发展，加快推进人与自然和谐共生的现代化。

  园林是一门关于土地和户外空间设计的科学和艺术，是一门建立在广泛的自然科学和人文艺术学科基础上的应用行业，其核心是协调人与自然和谐共生。为适应 21 世纪职业教育和园林行业发展，《园林规划设计》立足高等职业院校学生的思维模式和学习习惯，在内容编排上采用了新的体例模式，结合了纸质内容与互联网资源，构建了基于园林规划设计工作过程的教学内容和完整的课程思政体系。

  本书分为理论篇与实践篇两大部分，通过理论篇的学习，读者可以掌握园林规划设计的基础理论知识：中外风景园林概述、园林规划设计程序、园林规划设计的艺术原理、国家公园规划设计的相关知识。通过实践篇的学习，读者首先可以掌握园林构成要素的设计，其次，掌握园林规划设计中常见项目的实践知识：城市道路绿地规划设计、庭院、屋顶花园和城市田园规划设计、居住区绿地规划设计、公园绿地规划设计、城市广场规划设计和旅游景区规划设计。所有任务将理论知识与实践流程融为一体，同时结合二维码穿插行业规范、经典案例、拓展知识链接和习题练习，让学生在课堂中实现学习与就业的精准对接，提高学生的岗位适应性。

  在本书的编写过程中，编者参考和引用了大量国内外设计和工程实例，在此谨向原设计者表示衷心感谢。

  由于编者时间仓促，水平有限，书中难免存在不足和疏漏，敬请广大读者批评指正，便于今后修订时改正。

编 者

2024 年 1 月

目 录

理 论 篇

实 践 篇

理论篇

项目一　认识中外古典园林

项目导读

　　中华大地，历史悠久，文明博大。中国园林在这片土地上汲取自然与文化的精髓，形成了独特的风格。它以自然式为主，追求与周围环境的和谐，通过山、水、植物、建筑等元素营造诗意空间，强调人与自然的和谐共生。世界园林包括中国园林、西亚园林和欧洲园林，各有其特色。学生学习世界各地园林的目的在于深入了解其风格、特点及文化内涵，掌握设计、布局和元素运用技巧，培养跨文化视野和批判性思维。该项目旨在探究中国和外国园林的不同类型和独特之处，并将这些理念和技巧应用于设计图纸上。

▌知识目标

　　了解中外古典园林分类方式，能够阐述中外古典园林的特色；

　　融合中外古典园林的设计理念和技巧，使设计图更加精致生动；

　　了解中外古典园林发展历程，能够阐述中外古典园林特征。

▌技能目标

　　能够阐述中外古典园林史的发展阶段；

　　能够阐述中外古典园林各历史时期的园林特色；

　　能够阐述中外经典古典园林的特色；

　　深入研究中西方古典园林艺术的特点和技巧，提升欣赏水平。

▌思政目标

　　提升学生的理论素养与审美能力。

　　通过了解中国古典园林形成背景，发掘古典园林中蕴含的中国传统生态智慧，增强学生的民族生态智慧，强化中国古典园林"天人合一"的意识形态背景和"本于自然"的特点中蕴含尊重自然、顺应自然、保护自然的理念，推动绿色发展理念，使学生科学认识保护生态环境和经济发展之间的关系，强调人与自然和谐共生的重要性。

通过学习西方古典园林史，了解世界历史和外国园林艺术。增强学生在不同民族之间建立相互理解、互相尊重的意识。推动学生在"全球化"思维模式下拓宽本专业的视野、活跃思想。

任务一　认识中国古典园林

任务 导入

在学习中国古典园林相关知识后，选取当地的古典园林至少一个场景或案例，通过网络搜索和实地调研相结合的方式编写一个中国古典园林介绍方案，方案内容包括传统造园类型、基本内容、园林特色与游园推荐路径等。可以通过PPT、视频、图片等多种方式展示中国古典园林的特点和魅力。

任务 工单

班级 _____　　姓名 _____　　学号 _____

任务名称	认识中国古典园林
任务描述	任务内容：分析选取当地古典园林案例，了解其基本内容、园林特色。 任务目的：剖析古典园林中的造园手法与艺术风格，为后期的园林规划设计提供借鉴。 任务流程：选取古典园林、收集资料、实地调研、整理资料。 任务方法：选取优秀古典园林案例，分析其园林类型、园林特色、主要节点等内容。
获取信息	要完成任务，需要掌握相关的知识。请收集资料，回答以下问题： 1. 中国古典园林类型有哪些？ 2. 中国古典园林的特点有哪些？ 3. 中国古典园林史各时期经典园林的特色是什么？
制订计划	

（续表）

任务名称	认识中国古典园林		
任务实施	按照预先制订的工作计划，完成本任务，并记录任务实施过程。		
	序号	完成的任务	遇到的问题	解决办法

任务 准备

一、知识准备

（一）中国古典园林类型

1. 按园林的隶属关系划分

中国古典园林在长期的建造发展过程中，由于各时期社会背景、经济条件、地理位置、文化艺术的不同，呈现出丰富多彩的形式和类型。根据历史上的传统和文化背景，可将中国古典园林划分为 3 大类：皇家园林、私家园林、寺观园林。在当今这种划分方式仍然被广泛采用。

（1）皇家园林。皇家园林（图 1-1）是一种令人叹为观止的自然和人文景观，它以其宏伟的规模、真实的自然景观、原始的色彩、庄严的气氛、雄伟的建筑、精美的雕刻、精致的绘画等特点，成为封建社会中最具代表性的政治、文化、宗教、艺术等的象征。皇家园林不仅仅是一个供帝王休息享乐的场所，更是一种皇家气派和皇权的象征。随着宫廷园居的多元化发展，御苑可以根据其使用场景划分为大内御苑、行宫御苑和离宫御苑 3 种类型。

图 1-1 皇家园林——颐和园

（2）私家园林。私家园林属于民间的贵族、官僚、缙绅所私有的建筑财产。古籍里面称之为园、园亭、园墅、池馆、山池、山庄、别业、草堂等。贵族、官僚、缙绅社会地位较高，拥有一定的财富与文化，建造园林以供享乐和彰显身份财富，其园林规模较小，建筑素雅精巧，植物配置、建筑设计和园林布局均强调诗情画意，追求简朴、淡雅的精神气质，达到"天人合一"的境界，如图1-2所示的拙政园。私家园林按其与邸宅的位置又可分为宅院、游憩园和别墅园。多数园林连接邸宅称为"宅院"，多建在城市之中或近郊，园主生活于其中，少数单独建置称为"游憩园"，选址位于郊外山林风景地带的称之为"别墅园"。

图1-2　私家园林——拙政园

（3）寺观园林。寺观园林是中国园林的一个分支，它具有一系列不同于皇家园林和私家园林的特点，可以广布于自然环境优越的名川胜地。其中，佛家的寺观园林不仅仅局限于佛殿、宫殿，而且还涉及周边的自然环境。寺观园林通常与寺庙紧密相连，并且种植着各种珍稀的植物。郊野的寺观园林多修建在名山、山林等风景优美的地方。如图1-3所示的寒山寺。

图1-3　寺观园林——寒山寺

2. 根据园林基地的选择和开发方式划分

按照园林基址选择和开发方式可分为人工山水园和自然山水园。

（1）人工山水园是一种将自然美景巧妙地融入人造环境中的艺术形式，通过开挖水体、堆砌假山、植物种植、建筑布局等手段，将自然美景与人工创造完美结合，展示出中国古典园林的精湛技艺。

（2）自然山水园通过利用自然山水的优美景观，如山水园、山地园和水景园，将城市与乡村的距离缩短，形成一个完整的景观系统，并通过种植花卉、搭建建筑等手段，实现造园的目的。

（二）中国古典园林的特点

中国古典园林是一个独特的建筑类型，在其建筑发展历程中逐渐形成了自己的风格和特色。这些特点可以概括为以下 4 个方面。

1. 本于自然、高于自然

计成在《园冶》中提出"虽由人作，宛自天开"。中国传统的园林设计注重将大地和人文景观相融合，并运用各种技巧来塑造出一个具有特色的、简洁明了的园林环境。这些设计技巧包含了人类的智慧，使得这些园林建筑物能够更好地反映出大自然的美。例如，通过理水手法，将水体打造为泉、池、瀑、潭、溪、涧、湖、江、海等形式，以此来模仿自然界水体的形态。单体植物保留其原貌，不修剪成规则形状；植物配置不刻意追求规整，常以孤植、丛植、群植等自然种植手法展现为主。古典园林模仿自然，但不是单纯的模仿，在模仿自然的同时借助人工造园手法把大自然风景浓缩于古典园林之中。

2. 建筑美与自然美的融合

中国古典园林建筑用材一般以木为主，土、竹、石砖为补充，木框架结构的单体建筑，内墙外墙可有可无，空间可虚可实、可隔可透，形成了亭台楼阁、轩馆斋榭等不同形式的建筑风格。建筑师利用不同的设计手法，充分考虑材质、色彩、外形、体量等因素将植物与建筑融合，与自然环境的山、水、植物密切嵌合，从而形成古典园林的景观整体。园林建筑的选址因山就水，强化了建筑与自然环境的嵌合关系。同时，建筑师利用框景、漏景、对景等手法加强园林建筑内外空间的联系如图 1-4 所示的网师园植物与亭。

图 1-4　网师园——植物与亭

3. 诗画的情趣

中国古典园林建造风格常借鉴诗歌和绘画的创作手法创造各具特色的园林。诗情画意不仅是对于场景和画面的描述，还有其中蕴含的情境，造园时可通过景名、匾额、楹联等方式营造场景中的情境。例如，拙政园中的远香堂，因宋代文人周敦颐《爱莲说》中的"予独爱莲之出淤泥而不染，濯清涟而不妖""香远益清，亭亭净植"得名，同时园主借花自喻，体现了园主高尚的情操。

链接 1-1

中国古典园林发展概况

4. 意境的含蕴

意境是一种深刻的艺术表现形式，它将主人主观的情感和理念融入客观的园林环境中，以此来唤起欣赏者的共鸣，并让他们更加深入地体验到这种园林艺术的魅力。游客可以通过观察、阅读、欣赏等方式，来感受中国传统美学思想中的意境之美。意境可以被划分为 3 类：第一，利用人工技术，将自然美景缩小到一个微小的空间，比如石头、溪流等，以及其他园林元素，让观众能够从中感受到它们的美妙，从而形成一种主观的感受。第二，借助于文学作品、神话传说、典故、文字等形式，通过地形、植物、建筑等园林要素将主题表述出来。第三，造园之后再根据要素所形成的特征，通过景题、匾、联、石刻等文字手段表达意境。

二、材料准备

收集关于中国古典园林的资料：收集中国古典园林的照片或者图纸，包括平面图、立体图、剖面图等，以便更好地展示园林的设计和布局。

 任务实施

步骤一：通过网络搜索了解当地有哪些古典园林。
步骤二：选取感兴趣的园林并搜索相关资料。
步骤三：进行实地调研，剖析中国古典园林中的造园手法与艺术风格。
步骤四：整理资料，制作 PPT，分析其园林类型、园林特色、主要节点等内容。

 任务总结及经验分享

_____

_____

_____ 。

链接 1-2

任务检测

请扫码答题（链接 1-2）。

测试题

 **任务 评价**

班级：_____　　　组别：_____　　　姓名：_____

表 1-1　认识中国古典园林任务完成评价

项目	评价内容	自我评价	小组评价	教师评价
知识技能（40分）	古典园林类型（10分）			
	古典园林特点（10分）			
	古典园林发展时期（10分）			
	古典园林要素（10分）			
任务进度（15分）	能够辨识选取案例的古典园林类型、园林特色			
任务质量（15分）	对古典园林类型、特色辨识的准确性			
素养表现（15分）	学生能够主动探究与思考、查阅相关资料			
思政表现（15分）	发掘中国古典园林中蕴含的中国传统智慧			
合计				
自我评价与总结				
教师点评				

任务二　认识西方古典园林

 **任务 导入**

　　在学习外国园林知识之后，我们可以从众多西方园林历史名园中挑选一个，并使用 A3 纸进行临摹，包括平面图、立面图和局部效果图和设计说明。

📖 **任务工单**

班级 ＿＿＿＿＿＿＿＿＿＿　　姓名 ＿＿＿＿＿＿＿＿＿＿　　学号 ＿＿＿＿＿＿＿＿＿＿

任务名称	认识西方古典园林		
任务描述	**任务内容**：选取典型西方古典园林优秀案例进行抄绘与分析。 **任务目的**：通过分析西方典型案例，掌握西方古典园林精华，借鉴其设计理念、手法。 **任务流程**：绘制案例平面图、立面图、局部效果图、简要说明。 **任务方法**：分析典型案例中的设计理念、空间布局、平面形式等。		
获取信息	要完成任务，需要掌握相关的知识。请收集资料，回答以下问题： 1. 西方园林发展时期及特征是什么？ 2. 欧洲园林特色有哪些？ 3. 各时期典型园林代表有哪些？		
制订计划			
任务实施	按照预先制订的工作计划，完成本任务，并记录任务实施过程。		
	序号	完成的任务	遇到的问题	解决办法

📚 **任务准备**

一、知识准备

（一）古埃及、西亚园林

1. 古埃及园林

古埃及气候干旱少雨、日照强烈，大部分地区为沙漠，树木的遮阴作用十分重要，水池也成为必不可少的造园要素，森林稀少使得人们珍视树木。随着数学、测量学和几何学的不断进步，埃及的园林设计受到了科技进步的深远的影响。

在古代埃及，园林被划分为宫苑园林、圣苑园林、陵寝园林和贵族花园。宫苑又称法老宅园，被设计用来供皇帝游玩、休息或享受。宫殿的外部有一道高耸的城堡，宫殿里则由城堡壁垒将室内外划分开来，构成了一个具有中心线的庭院。在这些古代的宫殿里，人们会发现许多精美的景观，包括格栅、棚架、水池、花卉、草地和凉亭。圣苑园林是为法老参拜天地神灵而建筑的园林化的神庙，周围种植着茂密的树林，多采用对称布局，形成宗教氛围。陵寝园林为墓园，法老贵族们死后都为自己建造陵墓，以金字塔为中心，设有水池、行道树等。贵族花园为王公贵族所建，园中有水池、树木花草、凉亭等景观。

2. 西亚园林

古代阿拉伯人借鉴了两河流域和波斯园林艺术，创作出具有极强几何感的精美园林，令人叹为观止。

古巴比伦位于西亚两河流域，气候温和，雨量充沛，森林资源丰富。主要园林类型为猎苑、圣苑和宫苑，猎苑是天然森林经人们加工改造后形成的供狩猎娱乐的游乐场所。古巴比伦宫苑以其精美的雕塑和精致的装饰而闻名，外观以其精致的规律性和精美的细节而著称。其中，"空中花园"，即位于楼层平台上的悬浮式花园，犹如置身于仙境般的壮丽景象，也被誉为世界古代七大奇迹之一。为了保证树木的正常生长，顶部设有提水装置。

古巴比伦在公元前 2 世纪的衰败促使波斯崛起，它以其独特的园林风格横跨亚非两大洲，吸收埃及、两河流域等地的文化精华，创造了灿烂的波斯文化。波斯地处高原，因此水是最重要的造园因素，用水池、水窖、喷泉等组织空间，多用盘式涌泉，水池间以狭窄的明渠连接以防止蒸发。园林布局为规整方形，4 条主干渠呈十字形将园林分成田字形，中央为矩形水渠。

（二）欧洲园林

1. 古希腊及古罗马园林

古希腊作为一个拥有悠久历史的国度，其精湛的艺术和丰富的文化遗产，为后来的欧洲园林发展带来了巨大的启示。古希腊园林以其精美的建筑风格而闻名，其典型的园林形式包括柱廊园、圣林、竞技场等，其中，古希腊住宅的中庭以排列整齐的柱廊式结构而闻名，它们不仅是一个简单的空间，而是一个充满艺术气息的园林，以雕塑、盆景、大理石喷泉等装饰。希腊人把树木视作一个具有宗教意义的存在，他们将其作为神殿周边的绿洲，并将其命名为圣林，这里不仅可供宗教仪式使用，还可供平时的休闲娱乐。起初，这个竞技场只是一个供运动员使用的空间，后来，人们将它改造为大片林地，不但有绿茵茵的草坪，还有祭坛、凉亭、雕塑等景观设施。

古罗马园林的种类繁多，有庄园、柱廊园、公共园林等。罗马人具有雄厚的财力、物力，而且生活奢侈成风，因此促进了郊外建造庄园之风，庄园别墅多依山而建，规则式布局，善于利用自然地形。哈德良山庄，利用了起伏的地形以及巧妙的设计，包括柱廊园、海洋表演厅、竞赛馆。柱廊园通常由三进院落构成，各院落之间一般有过渡空间。公共园林有竞技场、集会广场、浴场、剧场等建筑景观。

2. 文艺复兴时期的意大利园林

14 世纪，意大利发生的文艺复兴运动标志着一场改变传统文化的运动，这场运动的发展过程也分为初期、中期以及末期 3 个阶段。初期的建筑风格继承自中世纪的城市，但更加强调其外观的美观性，初期的意大利园林不仅是一座座精致的古典式建筑，而且还拥有一片宏伟的花坛，花坛的设计更加精致，而且每一座花坛之间也不会形成任何的连接。中期为意大利园林的鼎盛期，典型园林有埃斯特庄园、兰特庄园等。中期庭院大多建于郊外山坡，规划精细，中轴线贯穿整个园区，景观对称分布在两侧，每一层都采用多种理水技术，或将理水与雕塑结合，作为景观中心。此时的理水技术已经十分成熟，植物造景也变得多姿多彩。末期，园林与建筑受到巴洛克风格的影响，巴洛克更强调装饰性，建筑外立面变得更加烦琐，园林装饰要素增多，装饰品也愈加精细烦琐，绿丛植坛的纹样也日益精细，园林发展逐渐呈衰落趋势。

3. 法国园林

文艺复兴时期的法国园林受到了意大利的园林影响，园林建设取得了长足的进步，并逐渐形成了法国的古典主义风格园林景观。法国地势以平原为主，河流众多，气候温和。总体布局以府邸为全园中心，通常在园景的最高处，园林成为建筑的引申和扩大，刺绣花坛作为全园的构图核心，地形起伏小，追求广阔。中轴贯穿全园，园林各要素集中在中轴线上。勒诺特尔将法国传统园林中最具象征意义的"大运河"作为整个园区的核心，利用湖泊、运河等自然环境，将法国传统地域特色融入这座城市，营建了具有浓郁历史气息、精致细腻、恢宏壮阔、精致华贵的凡尔赛宫。

4. 英国园林

从文艺复兴时期到君主专制时期，英国园林脱不开意大利和法国的园林建造的影子。18 世纪，英国人受到资本家启蒙运动的深刻影响，他们摒弃传统的几何式园林，开始探索大自然，寻找更加真实美丽的园林景观。在此期间，威廉·肯特领衔的自然式风景园应运而生。

18 世纪中叶、下半叶，英国开始改革传统的园林建造艺术，采用了更多的创新元素，从而创作出了一种独特的图画式园林。威廉·钱伯斯是这种园林建造艺术的先驱，他强调要借鉴中国的园林精神，并将其融入邱园的设计中，从而使其更具有自然之美感。

英国的风景式园林是一种独特而富有魅力的建筑，融合了英国传统文化、当地文化和中国传统文化，通过运用大量自然元素，增强了人类对大自然的热情和尊敬。

二、材料准备

收集关于西方古典园林的资料：收集外国园林的照片或者图纸作为任务案例参考，包括平面图、立体图、剖面图等。

 任务 实施

步骤一：了解各时期典型西方园林有哪些？

例如，凡尔赛宫花园、法尔奈斯庄园、埃斯特庄园等。

步骤二：选择一个你比较感兴趣的西方园林详细查阅资料。

步骤三：绘制西方园林平面图、空间布局图、效果图等相关图纸。

 任务总结及经验分享

_____

_____。

 任务 检测

请扫码答题（链接 1-3）。

链接 1-3

测试题

任务 评价

班级：_____　　组别：_____　　姓名：_____

表 1-2　认识西方古典园林任务完成评价

项目	评价内容	自我评价	小组评价	教师评价
知识技能 （40分）	西方园林各时期类型（10分）			
	西方园林布局形式（10分）			
	西方园林特征（10分）			
	西方园林各时期典型园林代表及特征（10分）			
任务进度 （15分）	平面图、立面图、局部效果图的绘制进度			
任务质量 （15分）	制图规范性与完整性			
素养表现 （15分）	学生能够主动探究与思考、查阅相关资料			
思政表现 （15分）	了解世界历史和外国园林艺术。增强学生对不同民族理解、尊重的意识			
合计				
自我评价与总结				
教师点评				

项目导读

　　近代，随着城市现代化水平的提高，人们逐渐疏离自然，大气污染、噪声污染等城市问题困扰城市居民，人们开始意识到自然与人类的健康息息相关，园林作为"第三自然"在改善城市环境、公众参与运动、心灵疗愈等方面有着重要的作用。

　　通过对城市绿地系统的功能、分类、评价指标及计算方法和城市园林绿地的系统布局的介绍，帮助学生初步了解城市园林绿地系统及其主要类型、常见系统布局形式等基础知识，掌握宏观部署城市园林绿地系统的基本理论和一般方法，更加科学合理地进行城市各类园林绿地的规划布局。本项目共设置了2个任务，分别是城市园林绿地系统和园林规划设计程序。

▌ 知识目标

　　了解城市绿地系统的功能，能够对常见的城市园林绿地进行分类；
　　了解常见的城市园林绿地评价指标，掌握评价指标的计算方法；
　　了解一般园林绿地规划设计的步骤程序，熟悉园林设计工作内容；
　　了解规划设计方案阶段主要涉及的图纸。

▌ 技能目标

　　掌握我国常见城市绿地系统布局形式；
　　能够结合后期实训任务，完成各类中小型园林绿地的地形方案设计。

▌ 思政目标

　　通过学习城市园林绿地系统，了解形式多样的绿地系统布局，以及绿地布局中的城市生态基础设施，发掘绿地规划设计中践行的习近平生态文明思想。提升学生的理论素养与审美能力。

　　通过学习园林规划设计程序，掌握一般城市绿地规划设计步骤，了解园林优秀设计案例，发掘案例中设计者们坚守职业的信念和坚持不懈、精雕细琢的工匠精神。

任务一　城市园林绿地系统概述

 **任务 导入**

通过网络搜索和实地调研相结合的方式，了解你所在城市的绿地系统布局结构与类型。选取当地典型城市园林绿地，计算其绿地面积、绿地率等指标。以 PPT 或 Word 形式提交调研报告。

任务 工单

班级 ＿＿＿＿＿＿＿　姓名 ＿＿＿＿＿＿＿＿＿　学号 ＿＿＿＿＿＿＿＿＿

任务名称	你所在城市的绿地系统布局形式以及绿地水平调研报告
任务描述	任务内容：了解你所在城市的绿地系统布局形式，计算园林绿地指标。 任务目的：了解城市绿地系统的功能，能够对常见的城市园林绿地进行分类，掌握常见绿地系统布局形式；能够掌握常见绿地指标的计算方法。 任务流程：查阅相关规划文件、了解所在城市系统布局、公园绿地指标的计算。 任务方法：查阅城市总体规划、区域规划等内容，掌握一定时期内城市的空间布局；运用公式计算绿地指标。
获取信息	要完成任务，需要掌握相关的知识。请收集资料，回答以下问题： 1. 城市园林绿地的功能有哪些？ 2. 城市园林绿地的分类有哪些？ 3. 城市园林绿地的评价指标有哪些以及如何计算？ 4. 城市园林绿地的系统布局类型有哪些？
制订计划	

（续表）

任务名称	你所在城市的绿地系统布局形式以及绿地水平调研报告		
任务实施	按照预先制订的工作计划，完成本任务，并记录任务实施过程。		
	序号	完成的任务	遇到的问题	解决办法

任务准备

一、知识准备

（一）城市园林绿地的功能

1. 生态效益

（1）净化空气、水体和土壤。许多绿色植物通过光合作用，可以将二氧化碳和水转化为有机物，并释放出氧气（或氢气）的生化过程，是生物界赖以生存的基础，也是地球碳氧循环的重要媒介。绿色植物得以正常生存，起到净化空气、水体和土壤的作用。氧气参与空气中有毒物质的分解过程。特别是像海棠、丁香、白蜡和金银木这样的植物，它们具备极高的抗氧化性，可以更好地抵御大自然的威胁。通过栽培，可以使得城市园林绿地的功效更加显著，它们不仅可以吸收灰尘，抑制细菌，而且具备良好的抗污染特征。它们的叶片表皮光滑，覆盖了大量柔软的绒毛，并且会释放出大量的抗氧化剂，从而使得空气更加清新。

水生植物和沼生植物都能够显著地净化水体，其中，树木的根系可以有效吸附溶解质，从而降低水体中细菌的数量。此外，草地也能够有效地捕获大量的有害金属，并且还能够吸附地表污染物，从而起到净化土壤的作用。

（2）改善城市小气候。小气候主要指地层表面属性的差异性所造成的局部地区气候，植被对地表温度和小区域气候的影响较大，体现在调节气温、湿度和通风防风等方面。夏季气候炎热使得许多地方的环境变得炎热，而通常在植被周围感觉更加凉爽，由于树冠遮挡了直射阳光，树下的光照量只有树冠外的1/5，太阳照到树冠上时，有30%～70%的太阳辐射热被吸收，另外植物进行蒸腾作用，从而让夏季的城市小气候变得清新宜人。冬季，通过种植树木来减缓风力，可以有效控制冬季的气温，并且可以达到调节温度的效果。此外，植被会通过叶片的蒸腾作用来释放出更多的水分，这样就可以增加空气的湿润程度，通常情况下，森林的湿润程度要比城市的高36%，而公园的湿润程度则要比城市的其他地方高27%。林带可以降低风速，减轻风害，发挥防护作用。当城市的带状绿地朝向夏季的主要风向时，它们会产生出良好的通风效果。

（3）降低城市噪声。通过观察和实验发现，当声音穿过植物时，会产生不同的阻挡效果。例如，在 40 m 的林带中，声音会衰减 10～15 dB，在 30 m 的林带中，则会衰减 4～8 dB。这些效果都得益于森林中的植物，它们会吸收和散发大量的光线。通常情况下，宽阔的乔木比狭窄的灌木拥有更好的隔音性。

2.社会效益

（1）美化城市。园林绿化是城市建设的重要组成部分，1992 年原建设部制定了园林城市评选标准，强调了城市景观建设的重要性。园林绿化能丰富城市群体的轮廓线，具有美化环境的作用，街道中的绿化带、广场中的绿荫、公园中的草坪使得城市风景优美、生机盎然。城市景观的美丽程度取决于园林绿化的成效，城市街边绿化如图 2-1 所示。

图 2-1　城市绿化

（2）日常游憩娱乐活动。城市园林绿地类型丰富，有公园、广场、居住区绿地、街头游园等多种类型，为市民日常游憩、娱乐、交往提供了场所，人们在园林绿地中进行舞蹈、唱歌、摄影等文化娱乐活动，跑步、打篮球等体育运动，也可以进行散步、钓鱼、赏景等休闲活动，城市园林绿地如图 2-2 所示。风景名胜地因其独特的自然风貌、文化风情吸引着游客游玩。

图 2-2　城市园林绿地

（3）文化宣传、科普教育。在城市里，园林景观不仅能够为社会带来美好的环境，而且也能够为居民提供一个充满活力的空间，让他们更好地了解当下的社会现状，通过参观各式各样的展览、陈列、纪念馆、博物馆，甚至是特殊的公共区域，比如动物园、水族馆，起到增长智慧，培养美好的心态的独特作用。例如，大理洱海生态廊道自然科普乐园。

（4）安全防护。城市的绿化景观为人们提供了多种多样的安全保障，其种植和管理都是非常重要的。城市的绿化景观的种植方式也是多种多样的，既能够保持环境的清洁，也能够抵御自然灾害，为人们提供安全的休闲空间。此外，这些植物还为人们提供了安全的活动场所，如散步、游览和健身等。通过建设大规模的公共绿化系统，如城市森林、河流、湖泊等，可有效阻止城市火灾的传播；同时，这些公共绿化系统也能够为社会居民们提供一个安全的逃生空间。

（5）心理调节。近代，随着城市化水平的提高，人们逐渐疏离自然，精神疾病、慢性病、亚健康等问题突出，人们开始意识到自然与人类的健康息息相关。气候变暖、热岛效应、人口老龄化等全球性问题引发人类对自然的思考。多项研究表明绿地对人的身心健康具有积极影响，能够有效地改善和保持人的身心健康。绿地能调节人的神经系统，使人们在心理上感觉平静，减轻和消除疲劳，同时园艺疗法、森林疗养等方法能够有效地调节人们的心理健康。

（二）城市园林绿地的分类

链接 2-1

城市建设用地内的绿地分类和代码

绿地分类应与《城市用地分类与规划建设用地标准》（GB 50137—2011）相对应，包括城市建设用地内的绿地与广场用地和城市建设用地外的区域绿地两部分。绿地应按主要功能进行分类，采用大类、中类、小类 3 个层次，绿地类别采用英文字母组合表示，或英文字母和阿拉伯数字组合表示。城市建设用地内的绿地分类和代码见链接 2-1。

二、材料准备

查阅城市总体规划、区域规划等内容。

任务 实施

步骤一：查阅资料，找到当地城市绿地系统规划图。

步骤二：选取城市绿地系统规划图中的某一绿地，计算其人均公共绿地面积、绿地率等指标。

步骤三：提交城市绿地系统规划图及选取的绿地面积、绿地率等的计算过程和结果。

任务总结 及经验分享

_____

_____ 。

链接 2-2

测试题

任务 检测

请扫码答题（链接 2-2）。

任务 评价

班级：_____　　组别：_____　　姓名：_____

表 2-1　绿地系统布局形式以及绿地水平调研报告任务完成评价

项目	评价内容	自我评价	小组评价	教师评价
知识技能（40分）	绿地系统功能（10分）			
	城市园林绿地分类（10分）			
	绿地评价指标计算方法（10分）			
	城市绿地系统布局形式（10分）			
任务进度（15分）	能够阐述城市绿地系统布局（7.5分），能够计算各项园林绿地指标（7.5分）			
任务质量（15分）	绿地系统布局阐述的完整性；指标计算的正确与否			
素养表现（15分）	学生的理论素养与审美能力			
思政表现（15分）	了解形式多样的绿地系统布局，以及绿地布局中的城市生态基础设施，发掘绿地规划设计中践行的习近平生态文明思想			
合计				
自我评价与总结				
教师点评				

任务二　园林规划设计程序

任务 导入

通过学习总体设计方案阶段主要涉及的图纸，分享一个你觉得比较好的园林规划设计方案，并阐述其好的原因。

任务 工单

班级 _____　　姓名 _____　　学号 _____

任务名称	园林规划设计方案案例分享		
任务描述	任务内容：通过查阅资料查找优秀案例，并阐述其借鉴点。 任务目的：掌握一般城市绿地规划设计步骤，发掘优秀案例借鉴点。 任务流程：查找案例、分析案例、发掘借鉴点。 任务方法：阐述案例中的现状调研、主题构思、功能分区、局部详细设计等。		
获取信息	要完成任务，需要掌握相关的知识。请收集资料，回答以下问题： 1. 阐述园林绿地规划设计的步骤程序。 2. 阐述前期调研阶段的主要任务。		
制订计划			
任务实施	按照预先制订的工作计划，完成本任务，并记录任务实施过程。		
	序号	完成的任务	遇到的问题	解决办法

![任务准备]

一、知识准备

园林规划设计是以室外空间为主，以园林地形、建筑、山水、植物为材料的一种空间艺术创作，要考虑当地经济、技术、生态，美学的社会问题。由于规划的特殊性，其实施过程十分烦琐。通常，园林规划和设计包括4个步骤：调查研究、编制任务书、总体规划设计、局部详细设计。

（一）调查研究

要了解园林规划设计整个项目的概况，设计方应开展现场调查，收集规划设计前必须掌握的原始资料，调查研究基地及周围的自然条件、社会条件、设计条件和现场踏勘等。

（二）编制任务书

在开始制订园林规划设计总体规划之前，必须仔细阅读甲方提供的园林规划设计任务书和招标文件，并结合项目要求以及现场勘察和收集的信息，综合考量后再作出最终的设计决策。通过对收集信息深入分析和研究，设计师确立整体设计的原则和目标，并为园林设计提供明确的要求和说明，这些要求和说明主要涵盖：

（1）该园林在城市绿地系统中的关系；

（2）园林地理位置和周围环境；

（3）该园林的面积和游人容量；

（4）园林的整体设计艺术性和风格；

（5）园林地形设计；

（6）该园林的分期建设实施的程序；

（7）该园林建设的投资匡算。

（三）总体规划设计

1. 主要园林规划设计图纸内容

（1）位置图。表示基地在城市区域内的位置，绘图要简洁明了。

（2）现状分析图。显示当前的道路交通现状、景观视线和功能。通过对收集的数据进行分析、整理和归纳，可以把研究区域划分成若干个独立的空间，并使用圆圈或抽象的图形来粗略地描述这些空间。

（3）功能分区图。通过对总体设计原则的深入分析、当前状况的全面评估，并结合不同年龄阶段的需求，制定出功能分区图。根据游客的兴趣爱好，将其划分为多个区域，以满足各自的功能需求，并且尽量使其功能与外观相协调，可以通过抽象图形、圆圈等图案来表达。

（4）总体规划平面图。绿地和周围环境的布局、建筑物的布局和景观设计。第一，环境的关系，包括绿地出入口与周围街道的关系、绿地周围用地的性质、名称。第二，精心设计出入口、大门、停车场的位置、面积，以及其他相关的规划元素；第三，结合山水景观、道路、广场、小品、建筑、植物等园林元素，营造出独特的景观效果。此外，整个设计还将精确地标注指南针、比例尺和图例。

（5）鸟瞰图。更加直观、真实地表达设计意图和景观效果。

（6）地形设计图。地形设计图需要绘制以下内容：①绘出制高点、山峰、缓坡平地、坞、岗等地面形状；②表示出湖、池、溪、滩，包括堤、岛等水面形状，并标出湖面的最高水位线、正常水位线、最低水位线。同样，要明确总的给排水方向、来源及其降雨聚散地等；③最终明确城市主要建筑物地点的高度及各区重要景观、广场的高程，以及道路变坡点标高。

2. 总体设计说明书

通过文字的方式介绍园林规划设计构思、设计要点和设计内容，主要包括：

（1）设计区域的位置、现状、面积等情况；

（2）工程性质及设计依据、原则、目的等；

（3）各功能分区；

（4）设计内容：山水地形、道路与广场、小品、建筑、植物等园林要素的设计构思、要点、布局方式；

（5）管线、电气规划说明；

（6）经济技术指标。

3. 概预算

工程基础预算、绿化景观预算、建筑设施预算、施工人工预算、管理预算及其他预算。

（四）局部详细设计

在园林规划总体方案设计确定后，进行局部详细设计，更加详细、深入地扩大初步总体设计。

1. 平面图

根据分区将园林规划整体划分为若干局部区域，每个区域进行局部详细设计，一般比例尽采用1：500。要求标明建筑平面、标高及周围环境；道路的宽度、形式、标高；主要广场、铺装的形式、标高；花坛、水池的形状和标高；驳岸的形式、宽度、标高；雕塑、园林小品的平面造型、标高。

2. 横纵剖面图

局部区域较有特点或者地形变化丰富时，用剖面图表达，以便更好地表现园林规划设计亮点。一般比例为1：200～1：500。

3. 局部种植设计图

精确描述树木的分布情况，包括种植位置、数量和品种，以及它们在树林、花园、花坛、灌木丛中的排列顺序。一般比例尺采用1：500、1：300、1：200。

二、材料准备

园林规划设计的优秀案例方案文本与图纸。

 任务实施

步骤一：查找、了解园林规划设计的优秀案例。

例如，墨尔本皇家植物园、万科郑州中央广场、张唐劝学公园等。

步骤二：分析案例中优秀借鉴点。

例如，前期分析较为充分，设计能够较好地解决园林规划设计的现状中存在的问题、设计构思较为创新、功能布局合理等。

 任务总结及经验分享

_____

_____ 。

 任务检测

请扫码答题（链接 2-3）。

链接 2-3

测试题

任务评价

班级：_____ 组别：_____ 姓名：_____

表 2-2 园林规划设计方案案例分享任务完成评价

项目	评价内容	自我评价	小组评价	教师评价
知识技能（45分）	方案步骤程序（15分）			
	各阶段的具体内容（15分）			
	方案中主要图纸（15分）			
任务进度（13分）	案例现状调研、主题构思、功能分区、局部详细设计、借鉴点			
任务质量（15分）	案例阐述的完整性；案主要借鉴点			
素养表现（15分）	学生的理论素养与审美能力			

（续表）

项目	评价内容	自我评价	小组评价	教师评价
思政表现（12分）	发掘案例中设计者们坚守职业的信念和坚持不懈、精雕细琢的工匠精神			
合计				
自我评价与总结				
教师点评				

项目三 园林规划设计的艺术原理

🔆 项目导读

　　本项目从园林构图艺术与园林美对园林设计进行了解学习，通过本项目的学习，学习者掌握中国园林艺术设计的特点，了解自然美、生态美、艺术美、人文美、科学美在园林设计中的体现，使学生能掌握园林设计艺术的理论和技巧，并熟练应用到现代园林景观设计中。

　　本项目共设置了 3 个任务，分别是识别园林形式美的表现形态、园林形式美的法则、园林艺术原理解析。

▌知识目标

　　了解园林形式美的表现形态及在园林中的应用；

　　掌握园林构图形式美法则及在园林中的应用；

　　了解园林设计艺术的相关概念；

　　了解园林设计艺术的特征及应用。

▌技能目标

　　能运用园林构图艺术法则进行园林方案设计；

　　提高学生对园林设计的审美能力；

　　提高学生的园林构图方案创造力。

▌思政目标

　　通过将专业理论知识与实际应用相结合，提升学生的传统文化认同感和民族自豪感，培养正确的园林设计思维，从而达到潜移默化的教育目标。

　　培养学生拥有自主思维、敢于探索、守法公平、合力共进、勤奋努力的精神，具备认真负责的科研精神，良好的工作态度，以及乐于对社会作贡献的心态，从而建立起一种热爱祖国、热爱自己、热心从事的精神。

任务一　识别园林形式美的表现形态

🍎 任务导入

　　学习园林形式美的表现形态相关理论知识后，个人收集 5～10 张园林图片，介绍园林图片中形式美体现在哪些方面。以 PPT 形式展示。

📖 任务工单

班级 _____　　姓名 _____　　学号 _____

任务名称	识别园林形式美的表现形态		
任务描述	任务内容：收集 5～10 张园林图片，并介绍其形式美体现在哪些方面。 任务目的：掌握园林形式美的表现方式及在园林设计中的应用。 任务流程：收集园林图片案例、分析案例、总结形式美体现点。 任务方法：任务驱动法、案例分析法、归纳总结法等。		
获取信息	要完成任务，需要掌握相关的知识。请收集资料，回答以下问题： 1. 简述园林形式美包含哪些方面？ 2. 分析案例园林图片中的形式美体现在哪些方面？		
制订计划			
任务实施	按照预先制订的工作计划，完成本任务，并记录任务实施过程。		
	序号	完成的任务	遇到的问题	解决办法

任务准备

知识准备

（一）线条美

线条是景观设计的重要元素，是园林艺术家的语言。线条能够描绘出复杂的地形，如广阔无边的平原，绵延不断的丘陵，还能展示出宏伟的广场、高耸的山峰和丰富的建筑物。线条的艺术魅力无可替代，无论何时何处都能看到线条的影子。无论是直线、弯道还是拐角，都能展示出独具魅力的外观。尤其当多个线条结合时，其独特的艺术魅力会变得格外显著。不同的线条给人带来不同的感受：

（1）长条横直线——水平线的广阔宁静；

（2）竖直线——给人以上升、挺拔之感；

（3）短直线——表示阻断与停顿；

（4）虚线——产生延续、跳动的感觉；

（5）斜线——令人联系到山坡、滑梯的动势和危险感；

通过将直线组合成图案和道路，可以看到直线坚定、有序、有规律以及理性。

（6）圆弧线——丰满；

（7）抛物线——动势；

（8）波浪线——起伏；

（9）悬链线——稳定；

（10）螺旋线——飞舞、欢快；

（11）双曲线——和谐、优美；

（12）蛇行线——自由；

（13）放射线——扩展；

（14）回纹线——上升、流动。

弧形曲线象征着优美、流畅、精致以及生机勃勃。

（二）图形美

图形可以通过多条线条组合而成，通常被分为两类：规则型和自然型。

规则型图形具有稳定性、结构性、变化性以及轴向和数量比例的特点，呈现出一种庄重而又有条不紊的状态。

自然型图形代表着人类对大自然的渴望，具有自由、流畅、不对称、多变、抽象、优美和随性的特点。

（三）体形美

体形是由多种界面组成的实体，包括山峰、湖泊、建筑、艺术品和植被。不同类型的景物有不同的体形美，甚至是同一类型的景物，也具有多种状态的体形美。

（四）光影色彩美

色彩在造型艺术中扮演着重要的角色，可以通过光线的反射来影响人们的生理和心理，并带来美的感受。色彩的运用需要对比与协调，当人们在风景园林中观察到颜色的温度变化时，会产生丰富的想象力和心理满足。

色彩包含：山景色彩、水景色彩、植物色彩和建筑色彩。

（五）朦胧美

自然界中出现的雾、雨、花等美景，不仅仅是一种形式上的美，更是一种让人感受到虚实交织、神秘莫测的美，为人们提供了一个充满想象力的园林规划虚拟空间。

 任务 实施

步骤一：自行上网搜索至少 4 种园林形式美表现形态的园林案例图片。

步骤二：分析找到的园林案例图片属于哪种园林形式美表现形态并标明，成果以 PPT 或 Word 形式展示。

 任务总结 及经验分享

_____

_____ 。

 **任务 检测**

请扫码答题（链接 3-1）。

链接 3-1

测试题

任务 评价

班级：＿＿＿＿＿＿　　组别：＿＿＿＿＿＿　　姓名：＿＿＿＿＿＿

表 3-1　识别园林形式美表现形态任务完成评价

项目	评价内容	自我评价	小组评价	教师评价
知识技能 （20 分）	是否掌握园林形式美体现的方面			

（续表）

项目	评价内容	自我评价	小组评价	教师评价
任务进度 （20分）	成果展示至少4类园林形式美的园林案例图片			
任务质量 （20分）	图片形式、结构、布局等要素符合形式美法则			
素养表现 （20分）	汇报中体现学生独立思考、勇于创新的品质			
思政表现 （20分）	个人完成任务过程中是否做到创新思维、突出重点与注重实效			
合计				
自我评价与总结				
教师点评				

任务二　园林形式美的法则

任务 导入

　　学习园林形式美法则相关理论知识后，以你身边的园林为蓝本，分析园林形式美法则在该园林中的应用。以 PPT 或 Word 形式展示。

任务 工单

班级 _____　　姓名 _____　　学号 _____

任务名称	园林形式美法则分析
任务描述	任务内容：通过查阅资料查找优秀案例，剖析园林形式美法则在该园林中的应用。 任务目的：掌握形式美法则及其在园林规划设计中的应用。 任务流程：查找案例、分析案例、剖析园林形式美法则在该园林中的应用。 任务方法：任务驱动法、案例分析法、归纳总结法等。

（续表）

任务名称	园林形式美法则分析		
获取信息	要完成任务，需要掌握相关的知识。请收集资料，回答以下问题： 简述园林形式美法则包含哪些内容？		
制订计划			
任务实施	按照预先制订的工作计划，完成本任务，并记录任务实施过程。		
	序号	完成的任务	遇到的问题	解决办法

任务准备

一、知识准备

（一）多样与统一

多样与统一反映了一件艺术作品的整体与各部分变化着的因素之间的相互关系，统一即部分与部分及整体之间的和谐关系，多样即其差异。多样与统一可以通过以下途径实现统一：

（1）形式的统一；

（2）材质和色调的统一；

（3）局部与整体的统一；

（4）线条的统一；

（5）植物多样的统一。

（二）对比与协调

对比与协调是利用造园要素的某一方面因素，如体量、色彩、方向等不同程度的差异，更加鲜明地突出各自的特点，使人感到鲜明、醒目，产生强烈的艺术感染力。当两个物体的差异非常明显时，可以通过对比来让它们互相补充，从而产生协调的艺术效果。相反，当两个物体的差异很小时，可以通过协调来达到平衡。

（三）对称与均衡

1. 对称法则

对称是一种美学概念，表示两个或两个以上的物体按照某种秩序排列，形成一个完整的图案。对称给人们带来了宁静、稳重的感受，但同时也有一些缺陷，如呆板、消极、令人害怕。尽管如此，对称仍然是一种理想的艺术，能够给人们带来宁静、和谐的感受，让人们感受到秩序与理性的统一。

2. 均衡法则

均衡通常被用来描述一个建筑物的外观，可以表示建筑物的结构、功能、空间布局等方面。这种方法可以通过比例、大小、色彩、材质等来达到完美的统一。通过采取不同的均衡表现方法，能够让建筑空间更加丰富、有趣，从简洁的空间转换为充满活力的空间，从而增强空间的美观性。此外，均衡在园林设计中的应用也非常普遍，能够为园林空间带来丰富的动态效果。

（四）比例与尺度

园林中的比例是指园林元素自身或园林元素之间存在美好的关系，包含两方面的意义，一是指园林元素本身的长、宽、高之间的大小关系；二是指园林要素之间或与其所在局部空间之间的形体、体量大小的关系。尺度是一种衡量园林空间和景观的标准，基于人体尺寸和日常活动习惯的规则，从而来确定空间大小。

（五）韵律与节奏

园林中的节奏与韵律是指某种景观要素有规律连续重复出现时所产生的具有条理性、重复性和连续性为特征的美感。在园林中，常见的节奏韵律有：简单韵律、交替韵律、交错韵律、渐变韵律、旋转韵律、起伏韵律。

（六）比拟与联想

联想是将一种想法扩展到另一种想法的能力，就像在园林中观察景色时，可以通过视觉感受来体验不同的联想和情感。在园林设计中，有许多不同的比拟联想方法，例如，通过模仿植物来表现建筑和雕塑的形态，还有通过参考历史遗迹来命名风景。

二、材料准备

教师准备若干园林规划设计方案平面图。
学生准备画图纸和笔。

任务 实施

步骤一：结合教师提供的园林规划设计方案，认真读图。
参考案例：
（1）麻省艺术与设计学院宿舍楼前小广场设计；

（2）上海乐山绿地口袋公园；

（3）青海省祁连县白杨沟村公共空间设计。

步骤二：分析总结园林规划设计方案中的园林形式美法则体现在哪些方面。

任务总结 及经验分享

链接 3-2

任务 检测

请扫码答题（链接 3-2）。

测试题

任务 评价

班级：＿＿＿＿＿　　组别：＿＿＿＿＿　　姓名：＿＿＿＿＿

表 3-2　园林形式美法则分析任务完成评价

项目	评价内容	自我评价	小组评价	教师评价
知识技能（20分）	是否掌握园林形式美法则相关内容			
任务进度（20分）	成果展示一组新的符合园林形式美法则的图案			
任务质量（20分）	成果图案符合园林形式美法则要求			
素养表现（20分）	成果图纸中体现学生独立思考、勇于创新的品质			
思政表现（20分）	个人完成任务过程中是否做到创新思维、突出重点与注重实效			
合计				
自我评价与总结				
教师点评				

任务三　园林艺术原理解析

任务导入

参观当地的现代公共园林至少一个，结合图文分析其园林空间艺术布局表达的形式。

任务工单

班级 _____　　姓名 _____　　学号 _____

任务名称	园林空间艺术布局形式分析			
任务描述	任务内容：结合当地公共园林案例，分析其园林空间艺术布局形式。 任务目的：掌握园林空间艺术布局形式相关内容。 任务流程：现场调研、资料收集、园林空间艺术布局形式分析与总结。 任务方法：现场调研法、任务驱动法、案例分析法、归纳总结法等。			
获取信息	要完成任务，需要掌握相关的知识。请收集资料，回答以下问题： 1.什么是园林？什么是园林艺术？ 2.什么是园林美？园林美的形态包含哪些内容？ 3.园林空间序列类型有哪些？ 4.园林色彩分为哪些？			
制订计划				
任务实施	按照预先制订的工作计划，完成本任务，并记录任务实施过程。			
	序号	完成的任务	遇到的问题	解决办法

任务准备

知识准备

（一）园林艺术的相关概念

1. 园林

园林是指在一定的地域运用工程技术和艺术手段，通过改造地形（或进一步筑山、叠石、理水）、种植树木花草、营造建筑和布置园路等途径创作而成的美的自然环境和游憩境域。

2. 园林艺术

园林艺术是一种以自然环境为基础，融合建筑、绘画、诗歌、音乐等多种艺术形式的综合性艺术，旨在展示设计者对生活美的理解和审美追求，以及将它们有机地融入一个完整的空间中。

3. 园林美

园林美是指人们在欣赏景观时所体验到的情感、趣味、理想等，这些都是通过美丽的景观设计来实现的。美是指景观设计师将自然美、艺术美以及人文美完美地结合在一起，从而使景观设计更加美观。

4. 园林美的形态

（1）自然美。①声音美；②色彩美；③姿态美；④芳香美。

（2）艺术美。①造型艺术美；②联想艺术美。

（3）社会美。园林艺术是一种深刻影响着人们日常生活的文化符号，也是一种代表着当时社会价值观的文化体系。由于园林艺术具有象征性的特点，因此不仅能够体现当时的文化氛围，还能够展示出当时的政治和经济状况。例如，法国的凡尔赛宫，这座宏伟的宫殿，见证了法国封建时代的辉煌，既代表了法兰西帝国的宫殿，又象征着当时法国的行政权威和文化精神。再如，上海古猗园的缺角亭，位于古猗园的西面。1931年"九一八"事变，日本侵占我国东北三省，使中国人民蒙受耻辱，激起全国人民的反抗怒火。上海南翔镇人民无不义愤填膺，决定在古猗园内建一座纪念亭以志国耻。1933年4月，当地爱国志士朱寿明等60多人发起集资，各界人士积极响应，表达了中国人民信念坚定，收复失去土地的决心。

（二）园林色彩的基本知识

1. 色彩的分类

色彩可以被划分为两大类：无色彩和有色彩，无色彩是指白、灰、黑等不带颜色的色彩，即反射白光的色彩；有色彩是指红、黄、蓝、绿等带有颜色的色彩。在五颜六色的缤纷世界中，与众不同的颜色往往会产生冲突，因此要想达到完美的效果，需要将各个颜色融合到一起，通过改变颜色的分布、亮度、饱和程度以及其他因素，使颜色的组合更加完善。

2. 色彩在园林规划设计中的应用

（1）园林景观的配色

为了让环境的色调保持统一，设计中需要确定主次，并将它们融入整个色彩中。在园林景观设计中，支配色的选择是至关重要的。支配色不仅要与周围环境协调一致，还要符合使用者的需求，以达到最佳的效果。因此，在选择支配色时，应当综合考虑各方面因素，包括功能、气氛、意境等，并且尽可能地限定色彩的数量，与周围结构、样式风格的协调性，以及与相邻空间的有机联系。

（2）色彩的利用

通过运用色彩的造型能力，让园林景观小品或建筑成为人们注意的焦点，并且与周围的环境和谐共处，从而营造出一个美丽的园林景观视觉效果。

（3）各色系在园林景观设计中的具体运用

①对比色的运用

对比色是一种独特的颜色，能够通过色相的差异来营造出鲜明的对比效果。通常被用于重要的场合，如庆典、广场和游览区，为人们带来愉悦的氛围。对比色可以通过与其他颜色的对比，给人以鲜明的视觉冲击，增强整个园林景观空间的活力。

②暖色系的运用

暖色系通常包括红、黄、橙等颜色，由于其良好的视觉效果，红、黄、橙等颜色被广泛应用于园林设计，暖色系既有明亮的视觉效果，又有活泼的视觉感受，让人有种活泼、愉悦的情绪。然而，由于这些颜色的视觉效果太大，容易引起驾驶者或乘客的视线混乱，因此，应该避免将暖色系应用于交通拥堵的场合，比如高速公路边或者街边的停车场。

③冷色的运用

冷色是一类颜色，由青、蓝和它们的相似颜色组成。由于这类颜色的波长较短，所以其可见度很低。在园林景观设计中，为了营造出一种远离尘嚣的氛围，可以选择冷色调或其他颜色来点缀一些较小的环境边缘。冷色植物通常被用来增强园林景观空间的深度和宽度。

但是，在园林规划设计过程中，应该注意避免将冷色与其他颜色混淆。为了营造出景观中的宽敞的氛围，冷色应该稍微多一些，这样可以给人一种明亮、欢快的感受。此外，冷色也可以与白色或适当的暖色相结合，用于一些大型的公共场所。

④金银色及黑白色的运用

金银色、黑白色通常被广泛地运用于各种场合，如城市景观、住宅区、公共绿地、景观柱、栅栏。金银色、黑白色的颜色特点是温和，而不是寒凉。现代园林景观设计往往使用各种先进的工业材料，比如不锈钢、铜、钛金和其他复杂的合成材料。而要确定最佳的颜色搭配，除了要考虑到艺术作品的主题和外表，还需要结合其所处的自然环境，以便更好地体现出艺术作品的独特魅力。还可以使用更具特殊意义的材料，如不锈钢或其他类似的材料，来增添艺术氛围。

任务 实施

步骤一：上网收集当地的一处现代公共园林相关资料图片，或现场勘察当地某处现代公共园林。

步骤二：运用园林空间艺术布局方法分析公共园林的布局是否合理，若不合理，提出改进建议。可以从以下方面分析：空间序列、空间对比、内向与外向、观景与景观、起伏与层次、虚与实等。

步骤三：整理结果，以 PPT 或 Word 形式展示，图文结合为佳。

 任务总结 及经验分享

 任务 检测

请扫码答题（链接 3-3）。

链接 3-3

测试题

任务 评价

班级：_____　组别：_____　姓名：_____

表 3-3　园林空间艺术布局形式分析任务完成评价

项目	评价内容	自我评价	小组评价	教师评价
知识技能（20分）	是否掌握园林艺术相关概念和空间布局方法（10分）；是否掌握园林色彩的基本知识（10分）			
任务进度（20分）	成果完整地展示了公共园林的空间布局分析			
任务质量（20分）	成果中的空间布局分析内容全面且符合要求			
素养表现（20分）	成果展示中体现学生独立思考、勇于创新的品质			
思政表现（20分）	个人完成任务过程中是否做到创新思维、突出重点与注重实效			
合计				
自我评价与总结				
教师点评				

项目导读

　　建立以国家公园为主体的自然保护地体系，致力于保护和维护生物多样性、自然资源以及相关联的文化资源。以国家公园为主体的自然保护地体系的规划设计主要包括国家公园的规划设计、自然保护区的规划设计以及自然公园的规划设计，通过学习，能够了解和掌握以国家公园为主体的自然保护地体系的规划设计的方法。本项目共设置了4个任务，分别是认识中国自然保护地体系、国家公园、自然保护区与自然公园。

▌ 知识目标

　　掌握自然保护地体系的概念、分类以及中国自然保护地体系的发展过程；

　　了解中国自然保护地的现状及建立的重要意义；

　　掌握我国国家公园体制改革、制度建设、体制试点及现状，了解世界各国国家公园状况等相关要点；

　　掌握我国自然保护区、自然公园的基本概念、熟悉相关的法律法规及规划设计要点。

▌ 技能目标

　　通过系统学习，能够初步掌握以国家公园为主体的自然保护地体系中的各类公园的基本知识。

▌ 思政目标

　　深入学习贯彻习近平生态文明思想，深刻领悟习近平生态文明思想蕴含的人民情怀、文化情怀、生态情怀、民族情怀、天下情怀。

　　准确把握我国生态文明建设面临的新形势，培养学生建设人与自然和谐共生的现代化的理想信念。

　　培养学生具备绿色生活方式和可持续发展理念及行动的现代公民思想意识和行

为准则。

　　了解生态环境保护的重要意义，培养学生保护生态环境的责任和意识。

任务一　认识中国自然保护地体系

 **任务 导入**

　　党的十九大报告提出，要建立以国家公园为主体的自然保护地体系。这是贯彻习近平生态文明思想，加快生态文明体制创新，推进自然保护地体系重塑，提高自然资源科学管理和合理利用水平，创造更多生态效益，实现人与自然协调发展，是回应人民生态需求的必然选择。为了更好地掌握中国自然保护地体系的相关内容知识，运用所学知识，制作一个问卷，面向师生、亲朋好友、家乡群众，调查对于我国自然保护地体系的了解情况，并对问卷数据进行分析总结。

任务 工单

班级 ＿＿＿＿＿＿＿＿　　姓名 ＿＿＿＿＿＿＿＿　　学号 ＿＿＿＿＿＿＿＿

任务名称	认识中国自然保护地体系
任务描述	任务内容：<u>掌握自然保护地体系的相关知识，设计调查内容和方式，完成调研报告并汇报。</u> 任务目的：<u>掌握我国自然保护地体系的分类，了解其管理体制和创新机制。</u> 任务流程：<u>资料查阅、制定问卷、数据分析、汇报总结。</u> 任务方法：<u>通过文献调查、制定相应问卷，并对学院师生进行中国自然保护地体系建设成果的宣讲。</u>
获取信息	要完成任务，需要掌握相关的知识。请收集资料，回答以下问题： 1.中国自然保护地体系的发展过程？ 2.中国建立自然保护地体系的作用和意义是什么？ 3.中国自然保护地体系的分类？ 4.中国自然保护地的现状？ 5.中国建立的自然保护地体系之间的区别与联系？

（续表）

任务名称	认识中国自然保护地体系		
制订计划			
任务实施	按照预先制订的工作计划，完成本任务，并记录任务实施过程。		
	序号	完成的任务	遇到的问题	解决办法

任务 准备

一、知识准备

（一）中国自然保护地体系的概念

我国的自然保护地是由各级政府依法划定或确认，对重要的自然生态系统、自然遗迹、自然景观及其所承载的自然资源、生态功能和文化价值实施长期保护的陆域或海域。

（二）中国自然保护地体系的发展

我国确立"以国家公园为主体的自然保护地体系"方案主要分为 5 个重要时间点，这 5 个节点均从不同程度上推进了以国家公园为主体的自然保护地体系重构方案的完成（图 4-1）。

《关于建立以国家公园为主体的自然保护地体系的指导意见》作为自然保护地体系建设的纲领性文件，不仅对我国自然保护地体系的构建给出了确切方案，同时也明确了新型自然保护地体系的建设计划（表 4-1）。

（三）中国自然保护地体系的分类

按照自然生态系统原真性、整体性、系统性及其内在规律，依据中国自然保护地体系的管理目标与效能并借鉴国际经验，将自然保护地按生态价值和保护强度高低依次分为 3 类（图 4-2）。

（四）我国自然保护地体系建设的总体目标及意义

我国建立自然保护地目的是守护自然生态，保育自然资源，保护生物多样性与地质地貌景观多样性，维护自然生态系统健康稳定，提高生态系统服务功能；服务社会，为人民提供优质生态产品，为全社会提供科研、教育、体验、游憩等公共服务；维持人与自然和谐共生并永续发展。

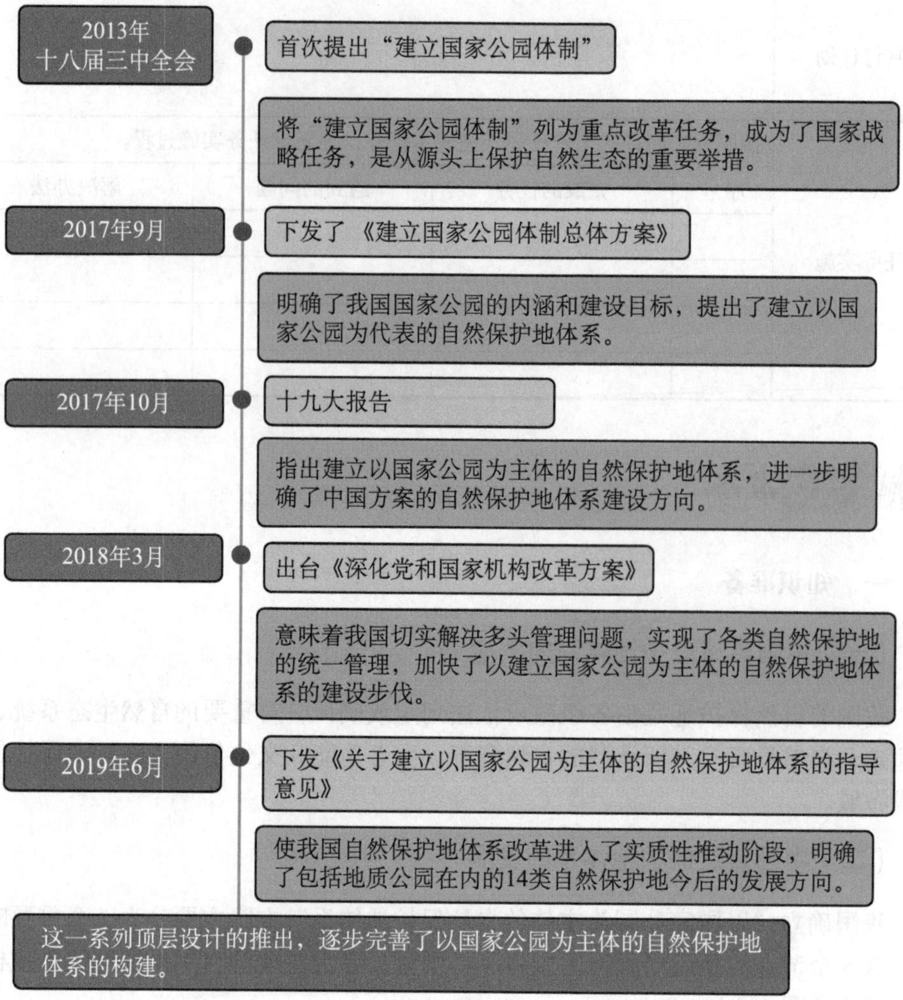

2013年 十八届三中全会	首次提出"建立国家公园体制"
	将"建立国家公园体制"列为重点改革任务，成为了国家战略任务，是从源头上保护自然生态的重要举措。
2017年9月	下发了《建立国家公园体制总体方案》
	明确了我国国家公园的内涵和建设目标，提出了建立以国家公园为代表的自然保护地体系。
2017年10月	十九大报告
	指出建立以国家公园为主体的自然保护地体系，进一步明确了中国方案的自然保护地体系建设方向。
2018年3月	出台《深化党和国家机构改革方案》
	意味着我国切实解决多头管理问题，实现了各类自然保护地的统一管理，加快了以建立国家公园为主体的自然保护地体系的建设步伐。
2019年6月	下发《关于建立以国家公园为主体的自然保护地体系的指导意见》
	使我国自然保护地体系改革进入了实质性推动阶段，明确了包括地质公园在内的14类自然保护地今后的发展方向。

这一系列顶层设计的推出，逐步完善了以国家公园为主体的自然保护地体系的构建。

图 4-1　中国自然保护地体系发展的 5 个重要时间点

表 4-1　以国家公园为主体的自然保护地体系建设计划

阶段	时间 / 年	达成目标
第一阶段	2020	提出国家公园及各类自然保护地总体布局和发展规划，完成国家公园体制试点，设立一批国家公园，构建统一自然保护地分类分级管理体制
第二阶段	2025	健全国家公园体制，完成自然保护地整合归并优化，初步建立以国家公园为主体的自然保护地体系
第三阶段	2035	自然保护地规模和管理达到世界先进水平，全面建成中国特色自然保护地体系

分类	类别	保护内容及对象
第Ⅰ类	国家公园	以保护具有国家代表性的自然生态系统为主要目的，实现自然资源科学保护和合理利用的特定陆域或海域，是我国自然生态系统中最重要、自然景观最独特、自然遗产最精华、生物多样性最富集的部分，保护范围大，生态过程完整，具有全球价值、国家象征，国民认同度高。
第Ⅱ类	自然保护区	保护典型的自然生态系统、珍稀濒危野生动植物种的天然集中分布区、有特殊意义的自然遗迹的区域。具有较大面积，确保主要保护对象安全，维持和恢复珍稀濒危野生动植物种群数量及赖以生存的栖息环境。
第Ⅲ类	自然公园	保护重要的自然生态系统、自然遗迹和自然景观，具有生态、观赏、文化和科学价值，可持续利用的区域。确保森林、海洋、湿地、水域、冰川、草原、生物等珍贵自然资源，以及所承载的景观、地质地貌和文化多样性得到有效保护。包括森林公园、地质公园、海洋公园、湿地公园等各类自然公园。

（左侧纵向文字：国家公园为主体的自然保护地分类体系）

图 4-2　国家公园为主体的自然保护地体系构成

建成中国特色的以国家公园为主体的自然保护地体系，推动各类自然保护地科学设置，建立自然生态系统保护的新体制新机制新模式，建设健康稳定高效的自然生态系统，为维护国家生态安全和实现经济社会可持续发展筑牢基石，为建设富强民主文明和谐美丽的社会主义现代化强国奠定生态根基。

（五）我国自然保护地的现状

自 1956 年，我国在广东省建立第一个自然保护区——鼎湖山自然保护区，经过 60 多年的发展，我国已形成以自然保护区为主体多种保护地类型为辅的自然保护地体系，在保护自然生态系统和生物多样性中取得了巨大的成就。目前我国各级各类自然保护地共计 1.18 万处，占我国陆域面积的 18%，领海面积的 4.6%。其中，自然保护区 2 750 个，总面积达 147 万 km²，占我国陆域面积的 15%，森林公园 3 548 个、风景名胜区 1 051 个、地质公园 650 个等。截至 2019 年，我国自然保护地建设已有国家级国家公园试点 10 个、自然保护区 474 个、森林公园 897 个、湿地公园 899 个、地质公园 219 个（表 4-2）。

表 4-2　我国自然保护地体系现状

类型	数量 / 个	
	国家级	省级
国家公园试点	10	—
自然保护区	474（截至 2019 年）	—
风景名胜区	244（截至 2017 年 3 月）	—
森林公园	897（截至 2019 年 2 月）	—

（续表）

类型	数量 / 个	
	国家级	省级
湿地公园	899（截至 2019 年 12 月）	—
地质公园	219（截至 2019 年 10 月）	近 400（截至 2019 年 10 月）

注：数据来源于《2019 年中国国土绿化状况公报》和中华人民共和国中央人民政府官网。—表示数据空缺。

（六）我国 3 类自然保护地之间的区别与联系

主要体现在以下几个方面。一是设立程序不同。国家公园是自上而下，由国家批准设立并主导管理；自然保护区则自下而上逐级申报，根据级别分别由国家和地方政府批准设立并分级管理。二是管理层级不同。国家公园内全民所有自然资源资产所有权由中央政府和省级政府分级行使。自然保护区分为国家级、地方级，以地方管理为主。三是规模类型不同。国家公园是一个或多个生态系统的综合，突破行政区划界线，强调完整性和原真性，力图按照山水林田湖草沙冰生命共同体，进行整体保护、系统修复，一般情况下面积广大、范围辽阔；自然保护区根据确保主要保护对象安全的要求来划定，保护对象特定、相对单一，分为自然生态系统、野生生物、自然遗迹 3 种类型，区域面积和规模一般小于国家公园。四是国家代表性程度不同。国家公园是国家名片，具有全球和国家意义；自然保护区不强求具有国家代表性，对于比较重要的生物多样性富集区域、物种重要栖息地，或分布有重要自然遗迹等保护对象并具有保护价值的区域，均可设立自然保护区。五是事权不同。国家公园是中央事权，中央财政保障为主；自然保护区是地方事权，地方财政保障为主。

链接 4-1

保护地的概念及
管理分类

二、工具准备

纪录片、微课、问卷星、统计软件。

三、人员准备

人员分组，每组 5 人，明确职责分工（表 4-3）。

表 4-3　任务分工

任务角色	任务内容
组长：	任务：
组员 1：	任务：
组员 2：	任务：
组员 3：	任务：
组员 4：	任务：

 **任务 实施**

步骤一：通过在线课程平台、三江源国家公园专题网站等查询我国自然保护地体系相关知识。

步骤二：根据步骤一总结的主要知识点，通过问卷星网站或者小程序，制定调查问卷，调查问卷主要涵盖以下 3 个部分：中国自然保护地体系的概念知识，青海省自然保护地体系的建设情况，青海省自然保护地建设的意见和建议。调查问卷应包括单项选择、多项选择以及问答题。

步骤三：对老师、同学、朋友以及亲属等发送问卷开展调查，对问卷进行数据分析，通过问卷星网站或者小程序进行问卷数据分析，形成调研报告（PPT 格式），要求数据真实、数据样本量满足要求，并生成插入图表。

步骤四：分小组对调研报告（PPT 形式）开展汇报，邀请学院其他专业的师生参加，宣扬青海省生态文明建设成果。

任务总结 及经验分享

 任务 检测

请扫码答题（链接 4-2）。

链接 4-2

测试题

 任务 评价

班级：_____　组别：_____　姓名：_____

表 4-4　认识中国自然保护地体系任务完成评价

项目	评分标准	自我评价	小组评价	教师评价
问卷设计（40 分）	问卷的内容（20 分）			
	问卷的适宜篇幅（10 分）			
	问卷形式的新颖性（10 分）			
问卷调查过程（50 分）	问卷调查的群体的广泛性（20 分）			
	问卷调查的信度和效度（20 分）			
	问卷调查的参与度（10 分）			

（续表）

项目	评分标准	自我评价	小组评价	教师评价
调查结果总结（10分）	总结的全面性（很好为10分；较好为7～9分；一般为3～6分；较差为0～2分）			
合计				
自我评价与总结				
教师点评				

任务二　认识国家公园

任务 导入

　　国家公园是指以保护具有国家代表性的自然生态系统为主要目的，实现自然资源科学保护和合理利用的特定陆域或海域。国家公园是我国自然生态系统中最重要、自然景观最独特、自然遗产最精华、生物多样性最富集的部分，具有保护范围大、生态过程完整、全球价值、国家象征和国民认同度高的特点，同时也是自然保护地体系的重要组成部分。任选一处我国国家公园，使用PPT展示这个国家公园在生态、科研、环境教育等方面的特色和价值（展示时间控制在8 min内）。

任务 工单

班级 ＿＿＿＿＿＿＿＿　　　姓名 ＿＿＿＿＿＿＿＿　　　学号 ＿＿＿＿＿＿＿＿

任务名称	认识国家公园
任务描述	任务内容：学习国家公园的基本知识，观看国家公园的纪录片和专题网站，并根据要求完成汇报。 任务目的：掌握我国国家公园的发展理念，国家公园主要的规划设计内容。 任务流程：查阅资料、观看视频、实地调查、汇报总结。 任务方法：调查一处我国国家公园（最好选择青海省三江源国家公园开展实地调查），对国家公园建设的依据、内容、重点、成效等形成总结，进行汇报。

（续表）

任务名称	认识国家公园		
获取信息	要完成任务，需要掌握相关的知识。请收集资料，回答以下问题： 1. 我国国家公园概念、发展、理念、目标是什么？ 2. 世界各国国家公园的相同和不同之处有哪些？ 3. 三江源国家公园的建成对于同学们有什么样的影响和意义？		
制订计划			
任务实施	按照预先制订的工作计划，完成本任务，并记录任务实施过程。		
	序号	完成的任务	遇到的问题	解决办法

📚 任务准备

一、知识准备

（一）国家公园定义

目前世界上权威的国家公园概念是由世界自然保护联盟（IUCN）定义的："大面积自然或近自然区域，用以保护大尺度生态过程以及这一区域的物种和生态系统特征，同时提供与其环境和文化相容的精神的、科学的、教育的、休闲的和游憩的机会。"

中国国家公园是国家生态文明制度建设的重要内容，是承载生态文明的绿色基础设施。中共中央办公厅 国务院办公厅 2017 年 9 月印发的《建立国家公园体制总体方案》及《国家公园设立规范》（GB/T 39737—2021）对中国国家公园定义如下："国家公园是指由国家批准设立并主导管理，边界清晰，以保护具有国家代表性的大面积自然生态系统为主要目的，实现自然资源科学保护和合理利用的特定陆地或海洋区域。"

> "国家公园"的概念源自美国。相传在 1832 年，美国艺术家乔治·卡特林在旅行的路上看到美国西部大开发对印第安文明、野生动植物和荒野的影响深表忧虑。
>
> 他写道"它们可以被保护起来，只要政府通过一些保护政策设立一个大公园……一个国家公园，其中有人也有野兽，所有的一切都处于原生状态，体现着自然之美。"
>
> 自此之后，即被全世界许多国家所使用，尽管各自的确切含义不尽相同，但基本意思都是指自然保护区的一种形式。

（二）国家公园的发展

国家公园模式受到国际社会的普遍认可，被世界上大部分国家和地区广泛采用，被公认为最有效的生态系统保护模式，已有近 200 个国家和地区共建立了5 000 余个符合世界自然保护联盟（IUCN）标准的国家公园，极大地推动了生态环境保护事业，有力地保护了全球生态系统多样性。作为最早建立国家公园的国家，美国已在国家公园的立法、行政、管理和经营方面积累了丰富的实践经验，对世界各国国家公园的建设工作都起到了重要示范作用。世界各国在借鉴美国模式经验的基础上，又都根据本国的基本国情、因地制宜，进行了不同程度的本土化应用，形成了欧洲模式、英国模式、澳大利亚模式、日本模式等（表 4-5），在生态环境保护工作中起到了积极作用。

表 4-5　世界代表性国家公园发展模式

发展模式	建立目的	建立标准	特点
美国模式	IUCN 第 Ⅱ 类 保护地	阻止一切可能的破坏行为；提供游憩场所，注重文教功能	土地国有；主要包括大量原始荒野地；有独立管理主体，实行园长负责制
欧洲模式	IUCN 第 Ⅱ 类 保护地	生态多样性保护；科学考察；公众教育和游憩	土地公有制和私有制并存；居住景观地和非居住景观地混合
英国模式	IUCN 第 Ⅴ 类 保护地	自然保护和景观保护；提升游憩机会和社会经济福利	国家公园内居民多、土地权属复杂；居住地景观为主
澳大利亚模式	IUCN 第 Ⅱ 类 保护地	保护和旅游双重目的；为土著居民创造就业机会	基础设施完备，鼓励旅游；机构精简、管理模式多元
日本模式	IUCN 第 Ⅱ 类 保护地	保护具有全国代表性和世界意义的自然风景地	分区规划；禁止创收计划；鼓励民间团体和市民参与管理

（三）世界各国国家公园概况

从世界范围内来看，国家公园的发展大致可以分为 3 个阶段。

1. 初步阶段

19 世纪到第一次世界大战阶段，欧美发达国家加快了国家公园建设，欧美在此期间建立了数量可观的国家公园，并且一些国家建立了自然保护机构和国家公园管理制度，从制度上完善国家公园管理工作。

2. 发展阶段

二战阶段，国家公园建设遍布全球，亚非拉众多国家和地区建立了国家公园，特别是非洲一些殖民地国家相继建立了国家公园，因而国家公园建设进入了快速发展阶段。

3. 繁荣阶段

二战以后，随着经济复苏和科技快速发展，人类对生态环境的渴望，促进了国家公园的繁荣，其中，北美洲的国家公园数量增长了约 7 倍（从 50 个到 356 个），欧洲的国家公园数量增长了约 15 倍（从 25 个扩大到 379 个）。

链接 4-3	链接 4-4	链接 4-5
《国家公园设立规范》（GB/T 39737—2021）	《国家公园总体规划技术规范》（GB/T 39736—2020）	各州典型国家关于国家公园体系的发展现状和世界各国国家公园比较

（四）国家公园的重要意义

国家公园在生态保护、文化传承、科学研究、旅游等方面有着重要的意义。

1. 自然生态保护

国家公园是自然生态系统的保护区，能够维护和保护各类生物多样性。这些地区通常包括丰富的野生动植物，能够保护它们的栖息地，维持自然平衡。

2. 环境可持续性

国家公园的存在有助于保护水资源、空气质量和土壤，促进环境的可持续发展。通过保护自然环境，有助于维持大气、水域和土地的生态平衡。

3. 文化传承

一些国家公园中包含着珍贵的文化和历史遗迹，如古老的建筑、岩画、考古遗址等。这有助于传承文化遗产，保护和弘扬国家的历史记忆。

4. 科学研究

国家公园提供了丰富的科研资源，吸引科学家进行生物学、地质学、气象学等多方面的研究。这些研究对于理解自然环境、生态系统和气候变化具有重要价值。

5. 教育与启发

国家公园为公众提供了自然教育的平台，通过展示自然奇观、生物多样性和地质特征，激发人们对自然的兴趣和热爱。这有助于培养环保意识，提高人们对生态系统的认识。

6. 旅游与休闲

国家公园吸引着大量的游客，为当地经济带来旅游收入，同时也提供了人们休闲、娱乐的场所。这有助于促进地方经济的发展。

7. 生态旅游

国家公园鼓励可持续的生态旅游，推动游客在保护环境的同时享受大自然的美丽。这有助于平衡游客活动和自然保护之间的关系。

二、材料准备

世界各国国家公园资料。

三、人员准备

人员分组，每组5人，明确职责分工（表4-6）。

表 4-6　任务分工

任务角色	任务内容
组长：	任务：
组员1：	任务：
组员2：	任务：
组员3：	任务：
组员4：	任务：

任务 实施

步骤一：通过在线课程平台、专题网站、纪录片、图书等查阅我国国家公园的基本概念和建设情况，并进行分组。

步骤二：以小组为单位，任选一处我国国家公园开展调研，生源地为青海省的同学，尽量选择三江源国家公园、祁连山国家公园开展实地调研，调研须形成图纸、照片、视频等材料。

步骤三：通过调研，对国家公园建设的依据、内容、重点、成效等形成总结，邀请学院师生，进行汇报。

任务总结及经验分享

任务检测

链接 4-6

请扫码答题（链接 4-6）。

测试题

任务评价

班级： _____　　　组别： _____　　　姓名： _____

表 4-7　认识国家公园任务完成评价

项目	评分标准	自我评价	小组评价	教师评价
汇报设计（50分）	汇报内容的全面性（30分）			
	汇报版面的形象、直观性（20分）			
汇报现场讲解展示（40分）	现场讲解的生动性及感染力（30分）			
	现场讲解的时间控制（10分）			
对本次活动的总结（10分）	总结的全面性（很好为10分；较好为7～9分；一般为3～6分；较差为0～2分）			
合计				
自我评价与总结				
教师点评				

任务三　认识自然保护区

任务导入

　　自然保护区是人类从对自然界的不断索取和破坏的经验教训中，逐渐认识到自然界的承受能力和保护自然的重要性，而划定的加以保护的自然区域。我国的自然保护区建设始于 1956 年，至今已有近 70 年的历史，特别是进入 20 世纪 90 年代，自然保护区的数量迅速增加，类型逐渐丰富，自然保护区相关的法律法规也越来越完善。

各小组从青海省7处国家级自然保护区（表4-8），选择一处进行调研，从保护区发展沿革、特点类型、主要保护方和手段，取得的成效等方面开展，最后形成调研报告，并对调研报告内容课堂现场概述（课堂概述时间控制在10 min内）。

表4-8　青海省国家级自然保护区

序号	名称
1	青海孟达国家级自然保护区
2	青海湖国家级自然保护区
3	青海可可西里国家级自然保护区
4	青海隆宝国家级自然保护区
5	青海三江源国家级自然保护区
6	青海柴达木梭梭林国家级自然保护区
7	青海大通北川河源区国家级自然保护区

📖 任务 工单

班级 ＿＿＿＿＿＿＿＿　　姓名 ＿＿＿＿＿＿＿＿　　学号 ＿＿＿＿＿＿＿＿

任务名称	调研自然保护区
任务描述	任务内容：学习自然保护区的基本知识，观看自然保护区的纪录片，并根据要求完成汇报。 任务目的：掌握我国自然保护区发展理念，自然保护区主要的规划设计内容。 任务流程：查阅资料、观看视频、实地调查、汇报总结。 任务方法：调查一处青海省的自然保护区，对自然保护区建设的依据、内容、重点、成效以及生态管护员的主要工作内容和方法进行汇报。
获取信息	要完成任务，需要掌握相关的知识。请收集资料，回答以下问题： 1. 中国自然保护区的类型有哪些？ 2. 青海省自然保护区的特点是什么？ 3. 自然保护区巡护员需要的工具有哪些？ 4. 自然保护区工作中森林防火、资源管理、监测防控、科教宣传方面的工作方法有哪些？

（续表）

任务名称	调研自然保护区		
制订计划			
任务实施	按照预先制订的工作计划，完成本任务，并记录任务实施过程。		
	序号	完成的任务	遇到的问题	解决办法

任务准备

一、知识准备

（一）自然保护区的发展历史

世界各国划出一定的范围来保护珍贵的动物、植物及其栖息地已有很长的历史渊源，但国际上一般都把 1872 年经美国政府批准建立的第一个国家公园黄石公园看作是世界上最早的自然保护区。中国古代就有朴素的自然保护思想，例如，《逸周书·大聚篇》就有："春三月，山林不登斧斤，以成草木之长。夏三月，川泽不入网罟，以成鱼鳖之长。"的记载。官方有过封禁山林的措施，民间也经常自发地划定一些不准樵采的地域，并制定出若干乡规民约加以管理。此外，所谓"神木""风水林""神山""龙山"等，虽带有封建迷信色彩，但客观上却起到了保护自然的作用，有些已具有自然保护区的雏形。中华人民共和国成立后，在建立自然保护区方面得到了发展。

截至 2017 年底，全国共建立各种类型、不同级别的自然保护区 2 750 个，总面积 147.17 万 km^2。其中，自然保护区陆域面积 142.70 万 km^2，占陆域国土面积的 14.86%。国家级自然保护区 463 个，总面积约 97.45 万 km^2。2018 年国家级自然保护区增至 474 个。

（二）自然保护区的类型

根据国家标准《自然保护区类型与级别划分原则》（GB/T 14529—1993），我国自然保护区分为 3 大类别，9 个类型。

1. 自然生态系统类自然保护区

是指具有一定代表性、典型性和完整性的生物群落和非生物环境共同组成的生态系统作为主要保护对象的一类自然保护区。包括森林生态系统类型、草原与草甸生态系统类型、荒漠生态系统类型、内陆湿地和水域系统类型、海洋和海岸生态系统类型自然保护区。例如，广东省鼎湖山自然保护区，保护对象为亚热带常绿阔叶林；甘肃省连古城自然保护区，保护对象为沙生植物群落；吉林省查干湖自然保护区，保护对象为湖泊生态系统。

2. 野生生物类自然保护区

是指以野生生物物种，尤其是珍稀濒危物种种群及其自然生境为主要保护对象的一类自然保护区。包括野生动物类型和野生植物类型自然保护区。例如，黑龙江扎龙自然保护区，保护以丹顶鹤为主的珍贵水禽；福建省厦门市文昌鱼自然保护区，保护对象是文昌鱼；广西壮族自治区上岳自然保护区，保护对象是金花茶。

3. 自然遗迹类自然保护区

是指以特殊意义的地质遗迹和古生物遗迹等作为主要保护对象的一类自然保护区。包括地质遗迹类型和古生物遗迹类型自然保护区。例如，山东省的山旺自然保护区，保护对象是生物化石产地；湖南省张家界森林公园，保护对象是砂岩峰林风景区；黑龙江省五大连池自然保护区，保护对象是火山地质地貌。

（三）自然保护区的保护方法

中国人口众多，自然植被少。保护区不能像有些国家采用原封不动、任其自然发展的纯保护方式，而应采取保护、科研教育、生产相结合的方式，在不影响保护区的自然环境和保护对象的前提下，还可以和旅游业相结合。因此，中国的自然保护区内部大多划分为核心区、缓冲区和外围区3个部分。

核心区是保护区内未经或很少经人为干扰过的自然生态系统的所在，或者是虽然遭受过破坏，但有希望逐步恢复成自然生态系统的地区。该区以保护种源为主，又是取得自然本底信息的所在地，而且还是为保护和监测环境提供评价的来源地。核心区内严禁一切干扰。

缓冲区是指环绕核心区的周围地区。只准进入从事科学研究观测活动。

外围区，即实验区，位于缓冲区周围，是一个多用途的地区。可以进入从事科学实验、教学实习、参观考察、旅游以及驯化、繁殖珍稀、濒危野生动植物等活动，还包括有一定范围的生产活动，还可有少量居民点和旅游设施。

上述保护区内分区的做法，不仅保护了生物资源，而且又成为教育、科研、生产、旅游等多种目的相结合的、为社会创造财富的场所。

二、人员准备

人员分组，每组5人，明确职责分工（表4-9）。

表 4-9 任务分工

任务角色	任务内容
组长:	任务:
组员1:	任务:
组员2:	任务:
组员3:	任务:
组员4:	任务:

 任务 实施

步骤一：通过在线课程平台、专题网站、纪录片、图书等查阅我国自然保护区的基本概念和建设情况，并进行分组。

步骤二：以生源地划分小组为单位，任选一处我国自然保护区开展调研，生源地为青海省的同学，尽量选择青海省自然保护区开展实地调研，调研须形成图纸、照片、视频等材料。

步骤三：通过调研，对自然保护区建设的依据、内容、重点、成效等形成总结，邀请学院师生，进行汇报。

 任务总结 及经验分享

 任务 检测

请扫码答题（链接 4-7）。

 链接 4-7

测试题

任务 评价

班级：_____　　组别：_____　　姓名：_____

表 4-10 调研自然保护区任务完成评价

项目	评分标准	自我评价	小组评价	教师评价
汇报设计（30分）	汇报的内容的全面性（20分）			
	汇报版面的形象、直观性（10分）			

项目	评分标准	自我评价	小组评价	教师评价
汇报内容 （50分）	自然保护区的主要工作内容（10）			
	青海省自然保护区的特点（10分）			
	自然保护区保护员的主要工作内容和方法（30分）			
现场展示 （20分）	现场讲解的生动性及感染力（10分）			
	现场讲解的时间控制（10分）			
合计				
自我评价与总结				
教师点评				

任务四　认识自然公园

任务导入

　　自然公园是具有重要保护意义的自然生态系统、自然遗迹和自然景观，不仅具有观赏游览、历史文化及科学考察价值，也是生态文明建设的核心载体并为公众提供旅游休闲和自然体验的机会。相比于自然保护区和国家公园，自然公园是旅行与景观游憩的最佳综合体，承载更多的旅游活动和人为干扰等职责。

　　实地调研青海省贵德国家地质公园，通过实地调查，掌握自然公园的类型分类，对自然公园所属的自然遗迹资源进行感官的认识，并对自然公园的规划设计内容进行总结。

📖 **任务工单**

班级 ＿＿＿＿＿＿＿＿＿ 姓名 ＿＿＿＿＿＿＿＿＿ 学号 ＿＿＿＿＿＿＿＿＿

任务名称	认识自然公园
任务描述	任务内容：课前通过纪录片，了解我国自然公园的类型和主要自然资源的种类，掌握自然公园设计的主要内容和方法。 任务目的：通过实地调研，掌握自然公园设计的主要内容和方法。 任务流程：资料查阅、实地调研、现场总结。 任务方法：学习相应的任务背景知识，对现场实地进行考察，对各项内容节点拍摄照片，进行分析，形成总结。
获取信息	要完成任务，需要掌握相关的知识。请收集资料，回答以下问题： 1. 我国自然公园的主要类型有哪些？ 2. 自然公园的申报流程是什么？ 3. 青海省自然公园建设中重点考虑的方面有什么？
制订计划	

按照预先制订的工作计划，完成本任务，并记录任务实施过程。

序号	完成的任务	遇到的问题	解决办法

（左侧标注：任务实施）

📚 **任务准备**

知识准备

（一）自然公园的概念

中共中央办公厅　国务院办公厅印发《关于建立以国家公园为主体的自然保护地体系的指导意见》（2019 年 6 月 26 日）指出，自然公园是指保护重要的自然生态系统、自然遗迹和自然景观，具有生态、观赏、文化和科学价值，可持续利用的区域。确保森林、海洋、湿地、水域、冰川、草原、生物等珍贵自然资源，以及所承载的景观、地质地貌和文化多样性得到有效保护。包括森林公园、地质公园、海洋公园、湿地公园等各类自然公园。

（二）自然公园的类型

我国的自然公园包括以下几种类型。

1. 风景名胜区

风景名胜区一般是指具有观赏、文化或者科学价值，自然景观、人文景观比较集中，环境优美，可供人们游览或者进行科学、文化活动的区域（图4-3）。

主要有山岳型（泰山、黄山）、湖泊型（江苏太湖、杭州西湖）、河川型（长江三峡、辽宁鸭绿江）、瀑布型（黄果树瀑布、黄河壶口瀑布）、海岛海滨型（青岛海滨、厦门鼓浪屿）、森林型（西双版纳、蜀南竹海、拱拢坪）

黄山——风景名胜区　　　　　　　　杭州西湖——风景名胜区

图4-3　风景名胜区

2. 森林公园

森林公园是在面积较大，具有一至多个生态系统和独特的森林自然景观的地区建立的公园。建立森林公园的目的是保护其范围内的一切自然环境和自然资源，并为人们游憩、疗养、避暑、文化娱乐和科学研究提供良好的环境。森林公园内的森林不得进行主伐，但可以进行卫生抚育采伐，以提高其观赏价值（图4-4）。

图4-4　阿尔山国家森林公园

3. 地质公园

地质公园是以具有特殊地质科学意义，稀有的自然属性、较高的美学观赏价值，具有一定规模和分布范围的地质遗迹景观为主体，并融合其他自然景观与人文景观而构成的一种独特的自然区域（图4-5）。

张掖世界地质公园　　　　　　　　红石林国家地质公园

图4-5　地质公园

4. 海洋公园

海洋公园是由国家指定并受法律严格保护的具有一个或多个保持自然状态或适度开发的生态系统和一定面积的地理区域（主要包括海滨、海湾、海岛及其周边海域等）；该区域旨在保护海洋自然生态系统、海洋矿产蕴藏地以及海洋景观和历史文化遗产等，供人们游憩娱乐、科学研究和环境教育的特定地域空间（图4-6）。

图4-6　香港海洋公园

5. 湿地公园

湿地公园是指以水为主体的公园。以湿地良好生态环境和多样化湿地景观资源为基础，以湿地的科普宣教、湿地功能利用、弘扬湿地文化等为主题，并建有一定规模的旅游休闲设施，可供人们旅游观光、休闲娱乐的生态型主题公园。湿地公园是国家湿地保护体系的重要组成部分，与湿地自然保护区、保护小区、湿地野生动植物保护栖息地以及湿地多用途管理区等共同构成了湿地保护管理体系。

6. 草原公园

草原公园是指具有较为典型的草原生态系统特征、有较高的生态保护和合理利用示范价值，以生态保护和草原科学利用示范为主要目的，兼具生态旅游、科研监测、宣教展示功能的特定区域。首批国家草原自然公园总面积14.7万 hm^2，涉及

11 个省（区）、新疆生产建设兵团及黑龙江省农垦总局，涵盖温性草原、草甸草原、高寒草原等类型，区域生态地位重要，代表性强，民族民俗文化特色鲜明。

7. 沙漠公园

沙漠公园是以沙漠景观为主体，以保护荒漠生态系统为目的，在促进防沙治沙和保护生态功能的基础上，合理利用沙区资源，开展公众游憩、旅游休闲和进行科学、文化、宣传和教育活动的特定区域。

（三）国家森林、地质公园等规划编制技术要点

1. 国家森林规划编制技术要点

（1）应根据批准的可行性研究报告和总体规划进行设计，其深度应能控制工程投资，并应满足编制施工图设计的要求；

（2）应以保护为前提，并做到开发与保护相结合；

（3）应以森林旅游资源为基础，科学控制建设规模和旅游客源，游客规模应与建设规模相适应；

（4）应以森林生态环境为主体，并突出"重在自然、贵在和谐、精在特色、优在服务"的生态旅游方针；

（5）应贯彻安全第一的思想，设计中应有切实有效的措施和方案，并应保障森林资源、生态环境和人员安全，同时应设计突发事件的应急处置设施；

（6）国家森林公园的设计，除应符合《国家森林公园设计规范》（GB/T 51046—2014）外，应符合国家现行有关标准的规定。

2. 地质公园的规划编制的技术要点

（1）保护优先，科学规划，合理利用；

（2）体现地质公园宗旨，突出地质公园特色；

（3）统筹兼顾，做好相关规划的衔接。

（四）世界地质公园

世界地质公园是以其地质科学意义、珍奇秀丽和独特的地质景观为主，融合自然景观与人文景观的自然公园。

2022 年，青海省尖扎坎布拉国家地质公园成功入选世界地质公园候选地。尖扎坎布拉国家地质公园位于青海省黄南藏族自治州尖扎县境内，是青海省旅游发展格局"一圈三廊道"中的"黄河旅游景观廊道"核心位置上的重要景区。尖扎坎布拉国家地质公园的丹霞地貌，是国内迄今发现的新第三系岩层中发育完整、典型丹霞地貌区。

链接 4-8

我国现有自然公园主要表现类型与设立初衷

链接 4-9

《国家森林公园设计规范》（GB/T 51046—2014）

链接 4-10

《国家地质公园规划编制技术要求》

任务 实施

步骤一：通过在线课程平台、专题网站、纪录片、图书等查阅我国自然公园的基本概念和建设情况，并进行分组。

　　步骤二：青海省自然公园类型众多、资源丰富、分布较广，根据生源地及个人兴趣，对青海省一处自然公园开展实地调研，调研须形成图纸、照片、视频等材料。

　　步骤三：通过调研，对自然公园建设的依据、内容、重点、成效等形成总结，提交调研成果并进行汇报。

 任务总结 及经验分享

_____

_____　。

 任务 检测

请扫码答题（链接4-11）。

链接 4-11

测试题

 任务 评价

班级：_____　　　组别：_____　　　姓名：_____

表 4-11　认识自然公园任务完成评价

项目	评分标准	自我评价	小组评价	教师评价
知识储备（30分）	自然公园基本知识的问答（15分）			
	实地调研项目的前期资料准备（15分）			
实地调研（60分）	实地调研的内容、重点是否考察全面、详细（30分）			
	实地调研过程中是否遵守纪律，秩序良好，小组分工是否明确，团队协作交流是否通畅（20分）			
	实地调研发现不足和改进的能力（10分）			
对本次活动的总结（10分）	总结的全面性（很好为10分；较好为7～9分；一般为3～6分；较差为0～2分）			
合计				
自我评价与总结				
教师点评				

实 践 篇

项目五 园林构成要素设计

💡 **项目导读**

　　园林设计构成要素大致上可以分为地形、水体、植物、建筑、道路和广场、园林小品6种，它们联合起来构成了一个完整的园林，只有每种构成要素在设计中彼此协调、相互融合，才能总体形成良好的景观效果，因此对园林设计师的基本素养有着严格的要求。

　　本项目共设置了4个任务，包括山水地形设计、硬质铺装设计、园林建筑和小品设计及景观植物设计。任务围绕对不同园林构成要素的实地调研和设计实践，介绍了不同设计要素的基础知识、主要特征和设计要点，促使学生在调研和设计实践中对园林设计构成要素理论知识理解得更加全面充分。

▌知识目标

　　掌握园林设计构成要素的相关理论知识并能够在规划设计实践中进行应用；

　　掌握园林建筑和园林小品类别中各个细分类别的内容和特点，并能在实践中迅速识别；

　　掌握植物各类型的区别和特点，了解本地区植物类型和代表植物；

　　掌握园路的级别、区别和设计规范，不同广场类型特点和应用场景。

▌技能目标

　　掌握园林地形和水体的分类、作用、设计要求和表示方法，能够按照设计规范合理绘制地形和水体，能够结合项目要求合理设计地形和水体；

　　能够结合园林工程、施工等专业课程学习道路广场基础做法，对工程成本有所了解；

　　能够在设计中快速选择适宜种植的植物，掌握植物尺寸与造景的关系、在景观设计中的作用，学习植物搭配种植设计，掌握设计要点。

▌思政目标

　　通过学习园林设计构成要素基础理论知识，对园林设计工作内容有较全面、清晰的认知，了解园林设计在生态发展、植物保护、改善人居环境等方面的重要意义，引导学生了解、学习我国生态保护、自然保护、资源开发利用与保护等方面的法规政策，为守护绿水青山建设美丽中国不断努力。培养学生的职业素养，让他们能够熟练运用各种设计元素，并且严格遵守国家的法律法规，从而培养出科学、严谨、规范的工作态度。

任务一　山水地形设计

任务 导入

以小组为单位自选当地一处公共园林（或老师指定）进行园林山水地形实地调研，完成《××山水地形设计调研报告》，包括填写调查表，绘制其中典型的地形和水体，并对其山水地形设计优点进行分析总结，制作 PPT 进行展示分享。

任务 工单

班级 _____　　姓名 _____　　学号 _____

任务名称	山水地形设计
任务描述	**任务内容：**选取当地公共园林一处，绘制其地形和水体。 **任务目的：**分析园林中山水地形的布局方式，对其设计优点进行分析总结。 **任务流程：**选取园林、实地调研、绘制地形图、分析总结。 **任务方法：**对案例进行地形类型、布局形式、水体类型等的调查研究，并分析山水地形设计的优缺点。
获取信息	要完成任务，需要掌握相关的知识。请收集资料，回答以下问题： 1. 园林地形的类型有哪些？ 2. 园林地形的作用是什么？ 3. 园林地形设计的要求是什么？ 4. 园林水体的形式有哪些？ 5. 园林水体的造景手法有哪些？

（续表）

任务名称	山水地形设计		
制订计划			
任务实施	按照预先制订的工作计划，完成本任务，并记录任务实施过程。		
	序号	完成的任务	遇到的问题	解决办法

📚 **任务 准备**

一、知识准备

（一）园林地形设计

1. 园林地形地貌

（1）园林地形、地貌概念

园林地形指园林绿地中地表面各种起伏形状。园林地貌是指园林用地范围内的峰、峦、坡、谷、湖、潭、溪、瀑等山水地形外貌，是整个景观的骨架。

（2）地形的类型

①平坦地形

平坦地形不仅有利于群众性文体活动，还能够让人们更容易地聚集在一起，营造出一个宽敞的园林景观，也是让游客们欣赏美景、放松身心的绝佳去处。根据地面材料的不同，平坦的地形可以分为土壤、绿化植物、沙石和铺装等，而且为了有效排水，通常需要保持 0.5%～2% 的坡度（图 5-1）。

②凸地形

凸地形是一种独特的地貌，可以为城市增添多种美丽的景观，如山丘、丘陵、山峦、小山峰等，而且还可以通过人工堆山叠石来创造出更加壮观的景观。因此，凸地形不仅可以为城市增添美丽的风景，还可以为游客提供更多的视觉体验。

③凹地形

凹地形是景观中的基础空间，是户外空间的基础结构。凹地形是一个具有内向性和不受外界干扰的空间。凹地形通常给人一种分割感、封闭感和私密感。在某种程度上也可起到不受外界干扰的作用。

图 5-1　平地形（作者拍摄 陕西省宝鸡市渭河公园）

2. 园林地形的作用

（1）分隔和界定空间

地形以不同方式创造和限制外部空间，还能影响空间气氛，平坦起伏的地形能给人美的享受和轻松感，而陡峭、崎岖的地形极易形成兴奋感。

（2）背景作用

各种地形要素之间互为背景。如山体可作为湖水、草地、林地、建筑等的背景。

（3）控制视线

通过视线一侧或两侧地形的增高，可将视线导向某一特定点或可见范围，从而使视线集中到景物上。

（4）影响导游路线和速度

通过改变地形的高低、坡度的陡缓、道路的宽窄曲直等，可以有效地控制游客的行走轨迹，从而营造出一个宜人的园林环境。

（5）改善小气候

地形可以帮助居住者或旅客抵御冬季凛冽的风，也可以作为一种指示，引导夏季空气流动。

（6）造景功能

地形可以用来构建空间的结构和景观，可以呈现出各种不同的形态。

3. 园林地形设计的要求

（1）功能优先，造景并重

在园林设计中，地形的改造必须与整体布局协调一致。改造后的地形条件必须符合景观设计、活动安排和使用要求。

（2）利用为主，改造为辅

在地形设计时，应减少非必要的地形改造，保留原有地形的趣味和变化。此外，应注意排水和稳定坡面，以确保活动场地不会受到积水的影响，如果坡度太陡，可能导致地表径流过多，从而导致滑坡。因此地形起伏应适度，坡长应适中。

（3）因地制宜，顺应自然

为了更好地种植植物，可通过挖土堆山抬高地面，加深土层，以便乔灌木的生长。此外，可以利用南坡种植喜温植物等方式，结合当地的地形和气候条件，设计特殊的旅游项目，比如风帆码头和烘烤场。

（4）就地取材，就地施工

（5）填挖结合，土方平衡

4. 地形要素的表示方法

（1）等高线表示法

等高线是一组垂直间距相等，平行于水平面的假想面，与自然地貌相交切所得到的交线在平面上的投影。给这组投影线标注上数值，便可用它在图纸上表示地形的高低陡缓、峰峦位置、坡谷走向及溪池深度等内容。

（2）百分比表示法

坡度的百分比通过斜坡的垂直高度除以整个斜坡的水平方向的距离获得。即坡面的垂直高度 / 水平方向的距离 ×100%。

（3）比例表示法

用坡度的水平距离与垂直高度变化之间的比率来说明斜坡的倾斜角度（如4∶1、2∶1等）。

（4）标高点表示法

此法多用于平面图或剖面图。标高点在水平图上的标志是一组"+"字记号或一圆点，并配有对应的数字。等高线由整数来代表，标高点使用小数来代表。标高点通常用来描述这个地方的高程，如建筑的墙角和顶端、阶梯顶端和底层或者外墙高层之类。

（5）断面表示法

通过使用许多断面来表示设计地形和原有地形，能够更好地描绘出实际景观地形。这种方法还可以帮助了解地物的相对位置，描绘植物的分布和轮廓线，并展示垂直空间的效果。

（6）模型表示法

模型法是一种以特定的比例缩小地形地貌实体的技术，可以使用特殊的材料和工具来创造出更为直观、有效的表现。然而，由于模型的尺寸较大，不易保存和运输，而且制作过程也需要耗费大量的时间和金钱。

（7）计算机绘图表示法

通过使用计算机辅助设计（CAD）软件，可以从多种不同的视角来观察地形要素的细节。

（二）园林水体设计

1. 东西方园林水景的比较

东方：重视意境，水要"环湾见长"。

西方：重视规划和气势，强调人为因素和秩序。

2. 水的表现形式

按水体的形式分为规则式水体和自然式水体。

①规则式水体

包括整体水池、壁泉、喷泉、瀑布和水渠运河等类型。

②自然式水体

形式以湖、池、潭、沼、溪、涧、洲、渚、港、湾、瀑布、跌水等为主。

按水体的状态分为动态水体和静态水体。

①动态水体

瀑布是由水的落差形成的，自然中的水往往集于低谷，顺谷而下，在平缓地面便为溪水，高低差明显的便成瀑布，山岩的变化规律无一雷同，于是溪流和瀑布也就千变万化，千姿百态的瀑布按其形体和姿态分为：直落式、坠落式、散落式、水帘式、薄膜式乃至喷流式等种类。按瀑布的长短分为：宽瀑、细瀑、高瀑、短瀑乃至各类混合型的涧瀑种类。溪、涧及河流，对溪和涧的源头，应做隐藏处理。此外，为了给溪流添加一些生命力，需要进行曲线设计。让水更富有活力。河岸一般模仿自然形态，岸边的植物为河道增添了多样性。

现代的园林艺术经常会运用各种不同的喷泉、瀑布、池塘、溪流、喷雾等。这些形式的水体，瀑布要尽量避开强烈的风。通常情况下，溢流性喷泉、溢水式喷泉习惯上都设在有屏障的位置。

②静态水体

池塘的设计应该根据其目标而定，有时为了减轻规则池塘的沉闷感，可以使用植物或建筑元素来增添柔和之美。池塘大多为死水，可种一些水生花卉，如荷花、睡莲、鸢尾等，为水面增添色彩，同时可起到净化池水的作用。

湖泊为大型开阔的静水面。通常不像自然界的湖泊那么大。但由于湖泊的相对空间较大，通常成为整个园林的中心。在进行景观组织时水面宜有聚有分，聚分得体，以增加层次变化。

3. 常见水体造景手法

（1）基底作用

水面宽阔，平坦，为岸边和水中景观提供良好的基础。

（2）系带作用

水面具有将不同的园林空间、景点连接起来产生整体感的作用。水面作为构景要素，起到统一的作用。可以在不同的空间中重复安排水这同一主题，以加强各空间之间的联系。

（3）焦点作用

水景作为园林视线的焦点，例如，喷泉、瀑布、水帘、水墙和壁泉常设置在道路的交叉口，作为景观视线焦点。

4.驳岸的处理

园林驳岸按断面形状可分为整形式和自然式两类。

（1）整形式

对于大型水体和风浪大、水位变化大的水体以及基本上是规则式布局的园林中的水体，常采用整形式直驳岸，也称为垂直驳岸。采用石料、砖或混凝土等砌筑成整形岸壁。

（2）自然式

对于小型水体和大水体的小局部以及自然式布局的园林中水位稳定的水体，常采用自然式山石驳岸，或有植被的缓坡驳岸。

二、材料准备

典型的山水地形设计优秀案例收集2～3个；地形、水体相关绘制规范、《风景园林制图标准》（CJJ/T 67—2015）；所选公共园林的平面图。

三、工具准备

拍摄工具、场地测量仪器、电脑、绘画图纸、比例尺、画笔等。

四、人员准备

人员分组，每组5人，明确职责分工（表5-1）。

表5-1 任务分工

任务角色	任务内容
组长：	任务：
组员1：	任务：
组员2：	任务：
组员3：	任务：
组员4：	任务：

 任务实施

步骤一：选取当地公共园林一处，要求地形较为丰富，园林中包含有山水地形要素。

步骤二：结合地图资料、实地勘测，绘制选取案例的地形图。

步骤三：分析总结选取案例在山水地形布局中的优缺点。

任务总结 及经验分享

_____

_____ 。

任务 检测

链接 5-1

请扫码答题（链接 5-1）。

测试题

任务 评价

班级：_____　组别：_____　姓名：_____

表 5-2　山水地形设计任务完成评价

项目	评价内容	评分标准	自我评价	小组评价	教师评价
知识技能（45分）	地形的表示方法	能够规范制图、等高线表示方法正确（15分）			
	水体的表示方法	能够规范制图、正确绘制水岸线、水体等（15分）			
	山水地形设计要点	能够根据设计要点对案例进行点评（15分）			
任务进度（10分）	图形绘制的完整度	山水要素齐全（5分）；地形要素齐全（5分）			
任务质量（15分）	图形绘制的准确性	图纸的规范性、准确性（15分）			
素养表现（20分）	科学、严谨、规范的工作态度	指北针（5分）；比例（5分）；图框（5分）；其他图形内容（5分）			
思政表现（10分）	了解园林设计在生态发展、植物保护、改善人居环境等方面的重要意义	小组作业中能够良好地沟通和合作（10分）			
合计					
自我评价与总结					
教师点评					

任务二　硬质铺装设计

任务 导入

以小组为单位对老师给定场地的硬质铺装进行规划设计，手绘完成一套园林景观设计图纸（A2幅面底图，硫酸纸画步骤图），为图上的道路和广场、硬质地面选择合适的铺装，标明在硫酸纸上。画图上色，标明材料、颜色、规格等信息，制作PPT进行展示分享。

任务 工单

班级 _____　　姓名 _____　　学号 _____

任务名称	硬质铺装设计
任务描述	任务内容：结合不同道路形态，绘制道路铺装。 任务目的：能够结合铺装设计实训掌握道路广场基础做法。 任务流程：查找铺装类型、搜索相关案例、初步构思、绘制图纸。 任务方法：了解铺装设计要点与要求，通过查阅大量铺装设计案例，依据道路现状进行铺装设计。
获取信息	要完成任务，需要掌握相关的知识。请收集资料，回答以下问题： 1.园路的分类有哪些？ 2.园路的断面设计应符合哪些规定？ 3.广场分为哪些类型？ 4.道路广场设计有哪些要求？ 5.园林常用铺装材料有哪些？ 6.园林铺装设计有哪些要求？

（续表）

任务名称	硬质铺装设计		
制订计划			
任务实施	按照预先制订的工作计划，完成本任务，并记录任务实施过程。		
	序号	完成的任务	遇到的问题	解决办法

任务 准备

一、知识准备

（一）园林道路和广场

1. 园林道路

需要明确两个不同的概念：园林设计内的道路设计和市政道路的绿化设计是两个不同的设计类别，它们各自的侧重点和服务对象不同。道路作为园林的重要组成部分，不仅具有基本的功能性，而且应该融入各种元素，以便于实现更加有序的空间布局，从而使得观赏者可以更加轻松地欣赏到前方的美丽景色。而市政道路在政治、经济、交通等方面都是举足轻重的，所以市政道路的绿化设计主要是为了服务道路和司乘人员的。本项目所说道路主要指园林道路。

2. 园林道路分类

园林道路分为主路、次路、支路和小路四级。公园面积小于 10 hm² 时，可只设三级园路。

主路——全园主干道路，满足大量游人通行及通车，不宜设计园桥、景墙等构筑物，自然曲度不宜过大，以平缓宽阔无遮挡为宜。

支路——连接各个景点，对主路起辅助作用且自然曲度大于主路。满足游人和车辆通行。

小路——一般只考虑步行通过，连接园林各细微角落，或作为节点间的捷径道路，形式与布局都相对灵活，相较主路和支路在设计时更追求美感以及趣味性，材料选择更多样。

次路介于主路和支路之间，可以仅供行人通行，也可人、车混行，在道路宽度上低于主路、坡度小于次路和小路。

3. 园林道路宽度和坡度要求

园林道路宽度应根据通行要求确定，并符合《公园设计规范》（GB 51192—2016）的规定（表 5-3）：

表 5-3　园林道路宽度

园林道路级别	公园总面积 A/hm²			
	A＜2	2≤A＜10	10≤A＜50	A≥50
主路	2.0～4.0 m	2.5～4.5 m	4.0～5.0 m	4.0～7.0 m
次路	—	—	3.0～4.0 m	3.0～4.0 m
支路	1.2～2.0 m	2.0～2.5 m	2.0～3.0 m	2.0～3.0 m
小路	0.9～1.2 m	0.9～2.0 m	1.2～2.0 m	1.2～2.0 m

4. 广场分类

广场根据使用功能的不同可以分为多种类型，所以明确功能定位、确定广场类型是整体规划的首要任务。

（1）市政广场

位于城市中心位置，通常是政府、城市行政中心，用于政治、文化集会、庆典、游行、检阅、礼仪、传统民间节日活动。市政广场一般面积较大，以硬质铺装为主，便于大量人群活动，不宜过多布置娱乐性建筑及设施。

链接 5-2

园路纵断面设计
规定

（2）以纪念人物或事件为主要目的的广场

一般由雕像、纪念碑、文化遗迹和历史性建筑组成，成为整个景观设计的核心，营造出一种充满历史感和文化意义的环境。为了营造一个安全、庄重的氛围，广场最好避开喧嚣的人群，并且要有一定的空间来展示其历史意义。此外，在设计过程中，要注意结合建筑、雕塑、景观、植被等元素，使其具有更好的视觉冲击力。

（3）交通广场

是交通的连接枢纽，起交通、集散、联系、过渡及停车作用，并有合理的交通组织。

（4）商业性广场

商业广场是用于集市贸易和购物的广场，在商业中心区以室内外结合的方式把室内商场和露天、半露天市场结合在一起。一般采用步行街的布局，将商业活动区域聚集在一起。在广场上，应该摆放各种城市景观和娱乐设施。

（二）道路广场组合的设计

道路广场通常可以视为一个整体来进行园林规划设计，因为它们在功能上有相通之处——联结、通行、分散人流等，在施工做法上也大致相似，因此统一规划设计既有助于整体的交通规划又可以考虑到施工的便捷，还可以综合考虑到各节点、区域的铺装材料、样式、色彩等是否相互搭配，景观的整体效果更加和谐。

1. 道路广场设计方法

（1）点、线、面结合

这里的点指节点和小品，线指道路，面指广场（铺装场地），三者结合就有了最基础的线路骨架。这三者是相互穿插、包含的关系，即面中可以有点，点面以线相接、线旁亦可有点。但要注意一个主要原则：保证单向参观。特别是在各类公园设计中，单向参观是对游客负责的设计形式，可以避免拥堵等隐患，保证游客参观效率和安全；也是保证被展示要素可以依次呈现，不因道路设计不合理被隐藏、忽视的重要手段。

（2）注重主次、顺序和需求

①确定场地范围（红线范围）、确定出入口位置（出入口不唯一，根据场地和功能需求确定）。 • 出入口包括游客集散区、工作出入口、紧急疏散口等。 • 正门应与市政公共交通站点接近。 • 应考虑私家车出行需求设置停车场。 • 若园区较大或受地形限制、游览路线规划不够集中规整，可考虑设置副门（不唯一的出入口）。 • 工作门根据功能需求确定位置：员工进出、运送物资、靠近办公区或库房等，也不要求唯一。	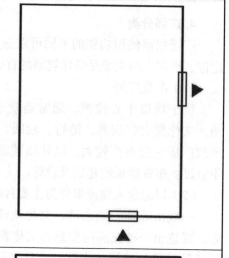
②在范围内相对中间的位置区域选择合适的点位设置主要节点（场馆、展区）。 • 根据项目需求、行业惯例、技术规范等确定分区。 • 把游客行为作为基础参考，思考游客需要、想要看到什么。	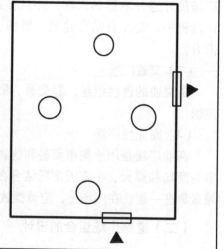

（续表）

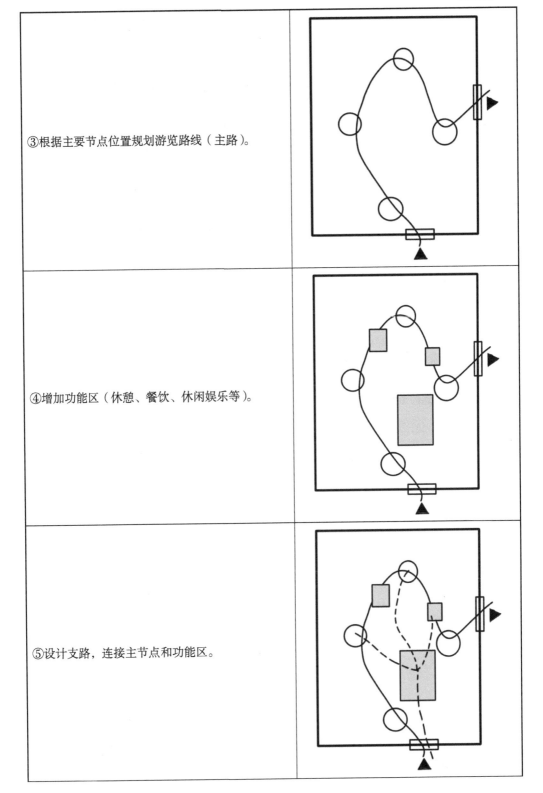

③根据主要节点位置规划游览路线（主路）。	
④增加功能区（休憩、餐饮、休闲娱乐等）。	
⑤设计支路，连接主节点和功能区。	

（续表）

⑥根据设计需求，可在基本框架成形后增加步行道路（健身步道、深度体验道路等）。	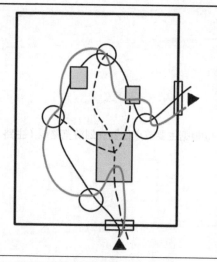
⑦在场地相对外围的地方设计规划保障房（配电室、锅炉房、垃圾处理或中转站等），并设计其与主路或主展区相连的道路。	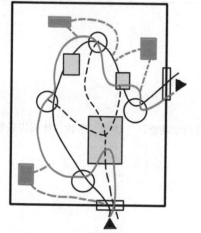
⑧确定各场地、道路铺装材料和色彩，注意要主次分明并可适当规划有引导、遮挡等功能的小品（不需要立刻确定样式，只要确定位置即可）。	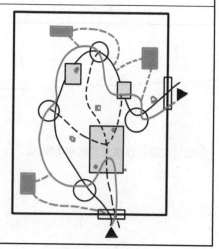

2. 铺装材料及应用场景

园林常用铺装材料大致可以分为石材、地砖、卵石、木材 4 类，每个大类下又根据材料主要成分、产地、工艺、颜色外观等特点细分为多种类型。

（1）石材类别

天然大理石具有优良的结构和强度，颜色鲜艳，但硬度较低，对风化的抵抗能力较弱，价格昂贵，容易褪色。

天然花岗岩具坚韧性、抗压能力和抗热性，因此在许多领域都被广泛使用。不过，天然花岗岩的市场价格较高，并且具有较大的自身重量。

人造大理石具备出众的物理特性，其结构紧实，抗压力和抗污染，容易清洁，具备良好的抗寒、抗热、抗化学、抗菌、抗氧化等特点，颜色多样，更加方便维护更换。

链接 5-3

常见石材

人造花岗岩是以天然花岗岩的石渣为骨料制成的板块，具有更高的抗污染性和耐久性，而且价格比天然花岗岩更加实惠。

（2）常见地砖

常见的地砖有烧结砖、广场砖、混凝土砖、新型透水砖、植草砖等。其中，烧结砖又可分为黏土砖、岩土砖、仿古青砖等，适用于各种大型的公共建筑，如休息区、街道、庭院和社区，耐磨性较强。

（3）卵石

卵石是一种天然存在的无棱角的岩石颗粒，可以演变成各种不同的岩石类型，如河卵石、海卵石和山卵石。这些卵石大多呈现出圆形，表面光滑，与水泥的黏结力较弱，可以用来建造健身步道、水池和树池，还能用来制作图案。

（4）木材

木质地板通常被作为一种保护墙壁和地板的选择，因为木质地板能够提供柔软的触感和舒适的视野。木质地板可以被广泛应用在河边的堤坝、木桥和其他木制家具上。防腐木种类繁多，包括红雪松、欧洲赤松（芬兰木）、美国南方松、樟子松和花旗松。一般来说，28cm×100cm、50cm×100cm、50cm×120cm 和 50cm×150cm 都是适合做地板和栈桥的尺寸。

3. 铺装设计要点及要求

（1）铺装的色彩

在铺装设计中，铺装的色彩要与周围环境的色调相协调，在挑选颜色时，应该注意颜色对视觉效果的影响，比如暖色可以带来活力，而冷色则会给人安静的氛围感。

（2）铺装的尺度

通过不同尺寸的图案以及合理采用与周围不同色彩、质感的材料，能影响空间的比例关系，可构造出与环境相协调的布局。通常大尺寸的花岗岩、抛光砖等材料适宜大型空间，而中、小尺寸的地砖和小尺寸的马赛克，更适用于一些中小型空间。

（3）铺装的质感

铺装质感在很大程度上依靠材料的质地给人们传输各种感受。大空间要做得粗犷些，应该选用质地粗大、厚实，线条较为明显的材料，因为粗糙往往使人感到稳重、沉重、开朗；另外，在烈日下面，粗糙的铺装可以较好地吸收光线，不显得耀眼。

（4）铺装的图案纹样

园林铺装可以运用多种多样的纹样形式来衬托和美化环境，增加园林的景致。纹样因环境和场所的不同而具有多种变化，不同的纹样给人们的心理感受也不一样。

二、材料准备

典型的园林硬质铺装设计（道路广场设计）优秀案例收集 2～3 个；《公园设计规范》（GB 51192—2016）、《无障碍设计规范》（GB 50763—2012）等。

三、工具准备

电脑、A2 绘画图纸、比例尺、画笔等。

四、人员准备

人员分组，每组 5 人，明确职责分工（表 5-4）。

表 5-4　任务分工

任务角色	任务内容
组长：	任务：
组员 1：	任务：
组员 2：	任务：
组员 3：	任务：
组员 4：	任务：

任务 实施

步骤一：阅读任务书，了解设计范围、图纸要求、提交方式等内容。

步骤二：根据任务书的内容进行案例查找与总结，进行设计初步构思。

例如，韵律舒爽的线型铺装设计、自然质朴的砾石铺装设计、肌理生动的石材铺装设计。

步骤三：开始绘制，完成图纸终稿并提交。

任务总结 及经验分享

链接 5-4

任务 检测

请扫码答题（链接 5-4）。

测试题

🌳 **任务 评价**

班级：＿＿＿＿＿＿＿＿　　组别：＿＿＿＿＿＿＿＿　　姓名：＿＿＿＿＿＿＿＿

表 5-5　硬质铺装设计任务完成评价

项目	评价内容	评分标准	自我评价	小组评价	教师评价
知识技能（45分）	铺装样式	样式美观（15分）			
	铺装比例	比例正确（15分）			
	铺装色彩	色彩搭配和谐美观（15分）			
任务进度（10分）	铺装设计图纸绘制的完整性	铺装样式（5分）；设计说明（5分）			
任务质量（15分）	图纸的规范性	按照制图规范作图（5分）；铺装样式美观（5分）；比例正确（5分）			
素养表现（20分）	科学、严谨、规范的工作态度	指北针（5分）；比例（5分）；图框（5分）；其他图形内容（5分）			
思政表现（10分）	了解园林设计在生态发展、植物保护、改善人居环境等方面的重要意义	小组作业中能够良好地沟通和合作（10分）			
合计					
自我评价与总结					
教师点评					

任务三　园林建筑和小品设计

📖 **任务 导入**

　　以小组为单位自选当地一处公共园林（或老师指定）进行园林建筑和小品实地调研，完成《××园林建筑和小品设计调研报告》，包括填写调查表，并对调研的园林建筑和小品设计优点进行分析总结，制作PPT进行展示分享。

📖 **任务工单**

班级 _____   姓名 _____   学号 _____

任务名称	园林建筑和小品设计		
任务描述	任务内容：实地走访当地公共园林，调研园林建筑和小品，并对其进行分析。 任务目的：掌握园林建筑和小品类别中各个细分类别的内容和特点，并能在实践中迅速识别。 任务流程：场地选取、实地调研、分析总结、完成调研报告。 任务方法：调研园林建筑和小品的类型、设计风格、布局，并分析其优缺点。		
获取信息	要完成任务，需要掌握相关的知识。请收集资料，回答以下问题： 1. 园林建筑分为哪 4 大类？ 2. 公用类和管理类的园林建筑有哪些？ 3. 园林小品的分类是什么？		
制订计划			
任务实施	按照预先制订的工作计划，完成本任务，并记录任务实施过程。		
	序号	完成的任务	遇到的问题	解决办法

📚 **任务准备**

一、知识准备

（一）园林建筑

园林建筑的类别

建筑作为园林中的人工制造产物，通常在观赏性之外还承担一定的使用功能，如休息、管理、科普等。根据这些特性将园林建筑分为 4 大类：

（1）游憩类

①科普展览建筑

②文体游乐建筑

③游览观光建筑

④园林建筑小品

（2）服务类

①餐饮业态建筑

②销售业态建筑

③住宿业态建筑

④其他建筑

（3）公用类

景点包含了许多必不可少的设施，如电话线路、导游指引牌、道路标志、停车场、电力和照明系统、空调和暖气系统、标志性建筑和垃圾桶等。

（4）管理类

如供园林管理用的建筑物、办公楼，公园大门，游客中心，科学研究所，仓库，垃圾处理场所等。

（二）园林小品

园林小品指园林设计中的体量较小、一般情况下不适合大量人群进入内部活动、不封闭的构筑物，多承载辅助游客游览、提升景观效果和游览舒适度或宣传科普等功能，如路灯、座凳、导览牌、亭廊等。

园林小品的类别

（1）服务辅助类

①照明类。照明设施除最基础的提供光源这一功能外，也渐渐成为景观的一部分，照明设施的样式、材质，灯光的明暗、颜色等都与整体景观效果的呈现息息相关。

②休息类。廊、亭、靠背椅、长条石凳等有一定造型美感可供游人休息停留的设施，一般选择防腐木、石材、金属等能长期经受室外环境影响的稳定材料。

③指示类。导览图、引导路牌、阅报栏、公告栏、科普画廊、展示说明牌之类提供指引方向，科普宣传，游览信息等指示性内容的小品。

④工具类。果皮箱、直饮水池、紧急呼叫电话或按钮、医疗设备等设施，特点是有极强的功能性，且功能专一。

（2）观赏装饰类

①长期固定型。景墙、照壁、影壁、雕塑、喷泉等体量大，长期不变的观赏装饰小品。

②可更换可移动型。花箱、花钵、水缸、党建宣传、发展口号等内容可更换、位置可移动，可以根据特定主题或要求更新变化的观赏装饰小品。

二、材料准备

典型的园林建筑和小品设计案例收集 2～3 个；《公园设计规范》（GB 51192—2016）。

三、工具准备

拍摄工具、电脑、纸笔等。

四、人员准备

人员分组，每组 5 人，明确职责分工（表 5-6）。

表 5-6　任务分工

任务角色	任务内容
组长：	任务：
组员 1：	任务：
组员 2：	任务：
组员 3：	任务：
组员 4：	任务：

任务 实施

步骤一：准备好调研记录表、相机、纸笔等前期调研工具，小组长提前制定方案，进行调研人员分工。

步骤二：实地调研，填写记录表并进行照片拍摄。

步骤三：归纳总结调研情况，总结园林中的园林建筑和小品类型及其优缺点。

任务总结 及经验分享

任务 检测

请扫码答题（链接 5-5）。

链接 5-5

测试题

![任务评价]

班级：_____　组别：_____　姓名：_____

表 5-7　园林建筑和小品设计任务完成评价

项目	评价内容	评分标准	自我评价	小组评价	教师评价
知识技能（40分）	园林建筑分类	分类正确（10分）			
	园林小品分类	分类正确（10分）			
	园林建筑设计要点	设计要点阐述清晰（10分）			
	园林小品设计要点	设计要点阐述清晰（10分）			
任务进度（15分）	调研报告的完整度	内容填写完整（15分）			
任务质量（15分）	优缺点的分析情况	不少于5张照片（5分）；能够从要素布局、特征等方面分析（10分）			
素养表现（20分）	科学、严谨、规范的工作态度	指北针（5分）；比例（5分）；图框（5分）；其他图形内容（5分）			
思政表现（10分）	了解园林设计在生态发展、植物保护、改善人居环境等方面的重要意义。	小组作业中能够良好地沟通和合作（10分）			
自我评价与总结					
教师点评					

任务四　景观植物设计

任务导入

　　以小组为单位从老师给定的公园、学校、道路广场 3 种类型场地中选择一个进行植物调查，并按照生长类型制作景观植物类型调查表，总结该绿地种植设计的优缺点和该类型绿地植物景观设计的侧重点，并重新进行种植设计，完成调查分析报告并手绘完成一套园林植物配置图，最终以图册的形式呈现，并辅以种植设计说明，制作 PPT 进行展示分享。

任务工单

班级 _____　　姓名 _____　　学号 _____

任务名称	景观植物设计
任务描述	任务内容：调研当地的园林绿地，填写植物类型调查表、测绘并完成植物配置图。 任务目的：能够在设计中快速选择适宜种植的植物，掌握植物尺寸与造景的关系、在景观设计中的作用，学习植物搭配种植设计，掌握设计要点。 任务流程：场地选取、实地调研、填写植物类型调查表、绘制植物配置图。 任务方法：植物类型调查表中写明植物的名称、类型、胸径、高度等，配置图中应准确表达植物的位置、配置方式等内容。
获取信息	要完成任务，需要掌握相关的知识。请收集资料，回答以下问题： 1. 景观植物的分类方式有哪些？ 2. 景观植物按照生长类型如何分类？ 3. 景观植物的栽植方式和类型有哪些？ 4. 景观植物栽植有哪些搭配技巧？
制订计划	

（续表）

任务名称	景观植物设计		
任务实施	按照预先制订的工作计划，完成本任务，并记录任务实施过程。		
	序号	完成的任务	遇到的问题	解决办法

任务准备

一、知识准备

（一）景观植物

景观植物是经过精心挑选，为城市绿地提供美化和保护的植物，不仅可以美化园林环境，还能够抵御病虫害，改善空气质量，提升居民的健康水平，同时也能够为社会发展作出贡献。

（二）景观植物设计

景观植物设计旨在通过运用美学手法，结合场地的特点和需求，将乔木、灌木、藤本和草本植物的多样性融入一个完整的园林空间中，营造出一种独特的、富有变化的视觉效果，让游客在这里可以欣赏到各种美丽的园林植物景观。

（三）景观植物分类方式

1. 按生长类型分类
按照生长类型分类主要分为木本植物和草本植物两大类。
木本植物：乔木类、灌木类、藤本类、匍地类。
草本植物：一二年生花卉、多年生花卉、竹类、草坪及地被植物。

2. 按生长习性分类
按照温度因子可分为热带植物、亚热带植物、温带植物和寒带植物。
根据植物对水分的适应性可分为旱生植物、中生植物、湿生植物和水生植物4类。

（四）植物栽植方式和类型

1. 栽植方式
（1）规则式。有中轴线的前后、左右对称栽植，按一定株行距，体现严肃整齐的效果。

（2）自然式。以自然的方式进行栽植，无轴线。自然灵活，参差有序，活泼。

2. 栽植类型

（1）孤植。要求树种的姿态优美，或具有美丽的花朵或果实。突出表现单株树木的个体美，作为局部空旷地段的景观中心和视觉焦点，起到突出景观、引导视线的作用。根据空间选择树种大小，留出观赏空间（一般是 4 倍的树高）。

（2）对植。两棵或两丛乔木灌木有所呼应地栽植。主要用于强调公园、道路和广场的路口，同时结合遮阴、休息等功能，在空间构图上起配置作用。采用同一品种、同一规格的树木，依主体景物的中轴线做对称布置。对称对植（似天平），非对称对植（似杆秤），强调一种均衡的协调关系。

（3）行植（列植）。将植物按一定的株行距进行种植。如行道树、林带、河边和绿篱的树木栽植。树种要求单一，突出植物的整齐之美。宜选用树冠体形比较整齐，枝叶繁茂的树种。株行距：一般大乔木 5～8 m，中小乔木 3～5 m，大灌木 2～3 m，小灌木 1～2 m。行植成绿篱时，株行距一般 30～50 cm。

（4）丛植（树丛）。3 株以上同种或几种树木组合在一起的种植方式。丛植基本形式：两株，3 株，4 株，5 株（组景、自然）。2～5 株配置原则在多丛的组群中，要遵循：不要等量、不要失衡、不要在一条直线上、尽量不要出现等边三角形或等边多边形、统一有变化。

（5）群植（树群）。几十棵同种或不同种树木栽植。组成较大面积的树木群体。

（6）片植（林植或纯林、混交林）。单一树种或两个以上树种大量成片栽植（上百棵）。如中国传统园林中喜爱的竹林、梅林、松林，都是面积不大的纯林。

二、材料准备

典型的园林植物景观设计优秀案例收集 2～3 个；西北地区园林设计常用乔木表、灌木表、地被植物表等。

三、工具准备

拍摄工具、场地测量仪器、电脑、绘画图纸、比例尺、画笔等。

四、人员准备

人员分组，每组 5 人，明确职责分工（表5-8）。

表 5-8　任务分工

任务角色	任务内容
组长：	任务：
组员 1：	任务：
组员 2：	任务：
组员 3：	任务：
组员 4：	任务：

 任务 实施

步骤一：确定园林场地，准备好调研记录表、相机、纸笔等前期调研工具，小组长提前制定方案，进行调研人员分工。

步骤二：实地调研，根据园林植物类型调查表中的内容测量、记录以下内容。

（1）植物的名称、类型、规格参数、数量、种植方式等；

（2）测量绘制园林植物配置图草图。

步骤三：整理调研内容，填写园林植物类型调查表、绘制植物配置图最终图。

 任务总结 及经验分享

 任务 检测

请扫码答题（链接 5-6）。

链接 5-6

测试题

任务 评价

班级：＿＿＿＿＿＿＿ 组别：＿＿＿＿＿＿＿ 姓名：＿＿＿＿＿＿＿

表 5-9 景观植物设计任务完成评价

项目	评价内容	评分标准	自我评价	小组评价	教师评价
知识技能（45分）	植物类型	能够通过植物常见分类方式进行分类（15分）			
	植物配置方式	掌握常见植物配置方式（15分）			
	能够绘制植物配置图	图纸内容完整、表达方式准确（15分）			
任务进度（10分）	植物调查表、植物配置图的完整度	调查表中类别、名称、规格等内容齐全（5分）；图纸绘制能够体现植物位置、配置方式等（5分）			

（续表）

项目	评价内容	评分标准	自我评价	小组评价	教师评价
任务质量（15分）	植物调查表的准确性和植物配置图规范性	调查表中的种类识别无误（5分）；配置图能够准确反映植物位置（10分）			
素养表现（20分）	科学、严谨、规范的工作态度	指北针（5分）；比例（5分）；图框（5分）；其他图形内容（5分）			
思政表现（10分）	了解园林设计在生态发展、植物保护、改善人居环境等方面的重要意义	小组作业中能够良好地沟通和合作（10分）			
合计					
自我评价与总结					
教师点评					

项目导读

　　随着社会不断的发展和进步，道路绿化的内容不再是简单见绿或达到一定的绿量就足够的阶段，尤其是道路绿带的功能需求和景观要求都发生了相应的变化，城市道路的绿化建设标准和设计要求都在不断提升，同时对城市道路绿地的设计水平也提出了更高的要求。

　　本项目共设置了 4 个任务，包括分车绿带规划设计、行道树绿带规划设计、路侧绿带规划设计和交通岛绿地规划设计。任务围绕不同类型的城市道路绿地规划设计实践，介绍了城市道路的类型、道路绿地的分类和城市道路绿地的规划设计原则等，帮助学生熟练掌握城市道路绿地规划设计的一般方法，能够在实践中完成不同类型道路绿地规划设计方案。

知识目标

　　要求学生掌握城市道路绿地规划设计的相关理论知识并能够在规划设计实践中进行应用。第一，掌握不同城市道路及道路绿地类型的识别要点；第二，掌握城市道路绿地的规划设计原则以及城市道路绿地的植物配置原则；第三，分别掌握分车绿带、行道树绿带、路侧绿带以及交通岛绿地的规划设计原则。

技能目标

　　掌握不同等级的城市道路及不同类型的道路绿地的识别要点；
　　掌握不同道路绿地的功能作用和设计要点；
　　在设计时能够运用道路绿地的规划设计原则；
　　掌握不同道路绿地的植物配置与造景原则；
　　掌握园林设计手工制图与电脑制图的方法；
　　掌握园林设计项目汇报演说的方法与技巧；
　　养成在设计时查阅相关标准和规范的习惯。

▌思政目标

城市道路绿地规划设计要严格按照国家的相关政策和规范进行设计，引导学生养成良好的职业素养，养成科学、严谨、规范的工作态度。培养学生的专业精神与人文素养，坚定交通强国的信心、落实城市道路绿地设计的思想与理念，将职业道德思想渗入课程之中，培养学生爱岗、敬业、精益、务实、创新的工匠精神。

通过理解与掌握城市道路绿地设计的内涵，增强学生的民族自豪、文化自信和职业认同，强化绿色发展理念；从城市交通对道路的要求和城市道路绿地分类等方面，理解与掌握城市道路绿地设计的方法，传递"绿水青山就是金山银山"理念，帮助学生了解生态文明建设在城市道路景观设计中的运用。

任务一　分车绿带规划设计

任务 导入

以小组为单位对某路段分车绿带进行规划设计，应用计算机辅助设计或手绘完成一套园林景观设计图纸，最终以图册（A3 图册，至少需要包含彩色平面图 1 张、鸟瞰效果图 1 张、植物配置图 1 张、局部效果图 2 张，其余图纸可根据需要添加）的形式呈现，并辅以 150～300 字方案设计说明，最终制作成 PPT 进行汇报演说。

任务 工单

班级 ＿＿＿＿＿＿＿　　　姓名 ＿＿＿＿＿＿＿　　　学号 ＿＿＿＿＿＿＿

任务名称	分车绿带规划设计
任务描述	任务内容：获取分车绿带规划设计所需的理论知识，分析给定任务场地，分析借鉴相关案例，完成场地规划设计。 任务目的：通过完成规划设计的任务，能够将学到的理论知识学以致用，能够分析案例并总结提炼。 任务流程：理论知识学习、场地分析、案例分析、完成场地设计。 任务方法：学习相应的任务背景知识，查询相关的国家标准和行业标准，对场地进行调查分析，对相似案例进行分析，取其精华，去其糟粕，提炼转化，融入个人风格。
获取信息	要完成任务，需要掌握相关的知识。请收集资料，回答以下问题： 1.该路段属于两侧分车绿带还是中间分车绿带？

任务名称	分车绿带规划设计		
获取信息	2. 该路段的道路条件和交通需求分别是什么？ 3. 分车绿带植物配置的原则是什么？该路段分车绿带的宽度是多少？植物应如何配置？ 4. 该路段分车绿带端部应采用怎样的配置形式？ 5. 西北地区能用在本次任务中的常见植物有哪些？ 6. 分车绿带设置海绵设施的步骤和要点有哪些？		
制订计划			
任务实施	按照预先制订的工作计划，完成本任务，并记录任务实施过程。		
	序号	完成的任务	遇到的问题	解决办法

📚 **任务** 准备

一、知识准备

（一）城市道路绿地规划设计原则

　　道路绿地作为城市绿地的重要组成部分，在城市生态环境的改善和城市绿地景观的丰富方面发挥着重要的作用，为了避免道路绿化影响交通安全，保证绿化植物的生存环境，提高道路绿化的规划建设水平，并使道路绿化设计规范化，通过对《城市道路绿化设计标准》（CJJ/T 75—2023）中对城市道路绿地规划设计部分的提炼总结，提出以下原则：

1. 安全性原则

要确保安全，安全压倒一切。城市道路绿化设计应当符合行车视线要求，避免绿化带遮挡驾驶员视线，满足行车净空要求，确保道路畅通无阻。

道路的主要功能就是满足交通运输需求，车辆是其中主要的交通工具，因此，道路绿化设计应符合车辆的安全行驶要求。

（1）行车视线要求。第一，在道路交叉口视距三角形范围内和弯道内侧的规定范围内栽种的植被（尤其是乔木）不得影响驾驶员的视线通透，须保证行车视距；第二，在弯道外侧的植被需沿边缘整齐连续栽植，从而预告道路线形变化，诱导驾驶员行车视线。

（2）行车净空要求。道路设计规定在各种道路的一定宽度和高度范围内为车辆运行的空间，植被不得进入该空间。具体范围应当根据道路交通设计部门提供的数据确定。

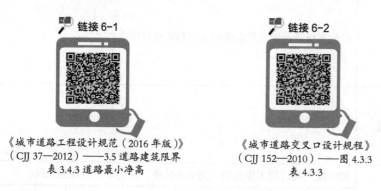

链接 6-1
《城市道路工程设计规范（2016 年版）》
（CJJ 37—2012）——3.5 道路建筑限界
表 3.4.3 道路最小净高

链接 6-2
《城市道路交叉口设计规程》
（CJJ 152—2010）——图 4.3.3
表 4.3.3

2. 生态性原则

适地适树，考虑植物的生态习性、观赏价值等因素；最大限度发挥道路绿地的生态功能和对环境的保护作用；保护道路绿地内的古树名木，对有价值的原有树木进行保留。

植物栽植应适地适树，并且符合植物间伴生的生态习性；另外，不适宜绿化的土质，应当改善土壤后再进行绿化；适地适树指绿化要根据栽植地的气候、土壤等自然条件选择适合在该地栽植生长的树木，从而确保树木的正常生长发育。

道路绿化应当以乔木为主，乔木、灌木、草本和地被植物相结合，不得裸露土壤。由于城市道路绿化的主要作用是庇荫、滤尘和降噪，绿化的核心是植物配置，城市道路绿化的重要组成部分——"道路绿带"中以行道树栽植为主，因此，道路绿化应以乔木为主，同时，为了维持生态环境的稳定性且提升绿地的美化效果，不宜单纯栽植乔木，而是应该将乔木、灌木和地被植物有机结合，丰富景观层次、提升防护效果、确保没有土壤裸露现象。

道路修建时，宜保留有价值的原有树木，同时，对古树名木应当予以保护；古树是指树龄在百年以上的大树。名木是指在我国历史上或社会上有重大影响力的中外历代名人、领袖人物所植或者具有极其重要的历史、文化价值、纪念意义的树木以及稀有、珍贵的树种。道路沿线的古树名木可依据《城市绿化条例》和地方性法规或规定（青海省现有《古树名木保护和修复实施方案》）进行保护。截至 2020 年，青海省现存古树名木达到 558 株，其中古树 551 株、名木 7 株，古树中一级保护的有 28 株，二级保护的有 66 株，三级保护的有 457 株。

3. 协调性原则

绿地应与道路环境中的其他元素景观相协调，设计应考虑街道上的附属设施，如路灯、交通标志等。绿化植被与市政公用设施的相互位置应当统筹安排，并应保证植被有必需的生长空间和立地条件。

城市道路用地空间除会安排机动车道、非机动车道和人行道等必要的交通用地外，还会安排市政公用设施（地上架空线和地下管线等）和城市道路绿地。城市道路绿地中的植被需要地上和地下适当的空间才能正常生长发育，因此，城市道路绿地设计需要和市政公用设施统筹规划，合理安排空间，保证绿化效果的同时，确保市政公用设施正常运转、不受干扰。

道路绿地应根据需要配备灌溉设施；道路绿地的坡度、坡向应符合排水要求并与城市排水系统相结合，防止绿地内积水或者水土流失；道路绿地灌溉设施可结合海绵城市相关要求，设计相应的蓄水沟槽，实现雨水的收集、净化和再利用。

4. 道路绿化应远近期结合

注意速生植物和慢生植物的合理搭配，保证景观快速见效且稳定性强。

远近期结合的道路绿化规划能够确保规划的科学性和合理性。近期规划注重实际需求和可行性，远期规划则考虑城市的长远发展和可持续性。因此，道路绿化要远近期结合。首先，道路绿化设计要考虑长远，绿化植被尤其是乔木不应经常更换、移植。同时，也应该重视道路绿化建设的近期效果，使其尽快形成一定的绿化面貌，发挥绿化功能。从而确保生态效益的连续性、适应城市发展变化、经济效益的考量、保障行车安全、生态与休闲功能的平衡以及规划的科学性和合理性。这种结合方式能够最大程度地发挥道路绿化的作用和价值，为城市的可持续发展作出积极贡献。

综上所述，可以将城市道路绿地规划设计原则总结为"安全第一、功能优先、适地适树、统筹安排、远近结合"。

（二）分车绿带设计原则

分车绿带是指车行道之间可以绿化的分隔带。

在道路的横断面类型中，分车绿带可以分为两侧分车绿带和中间分车绿带，前者是将机动车道和非机动车道分离，以保证行车速度，后者则是将上下行机动车道分离，以保证双向车道的安全和速度。分车绿带的宽度跨度比较大，从 1.5 m～6 m 甚至更宽。中间分车绿带相对较宽，通常是 1.5 m。较宽的中间分车绿带近年来逐步成为城市道路建设的储备用地，当道路无法满足城市交通需要的时候，通常会缩减中间分车绿带，增加车行道的宽度。

1. 绿化形式应简洁一致，避免干扰驾驶员视线

由于分车绿带靠近机动车道，所以其绿化设计应形成良好的行车视野环境。分

车绿带绿化形式简洁、树木整齐、排列一致，使驾驶员容易辨别穿行道路的行人，可减少驾驶员视觉疲劳。分车带上种植的乔木，从交通安全和树木种植养护两方面考虑，其树干中心至机动车道路缘石内侧水平投影距离不宜小于0.75 m。

2. 合理配置枝繁叶茂的植物，阻挡汽车炫光——中间分车绿带

中间分车绿带应阻挡相向行驶车辆的眩光，改善行车视野环境，在距相邻机动车道路面高度0.6～1.5 m，配植长年枝叶茂密的乔木，其株距不得大于冠幅的5倍。当道路路幅有限，用隔离栅栏代替中间分车绿带时，也可以充分利用藤蔓植物来进行造景，如山荞麦、藤本月季、地锦等。

3. 根据绿带宽度确定植物配置组合，促进污染排放——两侧分车绿带

由于分车绿带设置距交通污染源最近，其绿化所起的滤减烟尘、减弱噪声的效果最佳，同时，两侧分车绿带对非机动车安全行驶有庇护作用。

当两侧分车绿带宽度大于或等于1.5 m时，应以种植乔木为主，并宜乔木、灌木、地被植物相结合，扩大绿量。并且，为了促进汽车尾气及时向上扩散，减少汽车尾气污染道路环境，植物配置应高低错落，道路两侧的乔木不宜在机动车道上方搭接形成绿化"隧道"。当两侧分车绿带宽度小于1.5 m时，由于植被生存环境狭窄，应以种植灌木为主，并与灌木、地被植物相结合。

4. 分车绿带端部设置应采用通透式配置

被人行横道或道路出入口断开的分车绿带，其端部应采取通透式配置（在距相邻机动车道路面高度0.9～3 m，树冠不遮挡驾驶员视线的绿地植物配置方式）。分车绿带端部采取通透式栽植，是为了穿越道路的行人能够观察道路上的车辆情况，或并入的车辆容易看到过往车辆，以利行人、车辆安全。

5. 分车绿带设置海绵设施

扫描下方二维码获取更多理论知识：

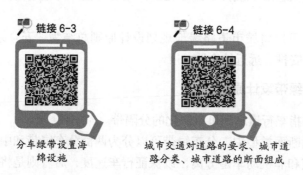

链接6-3   链接6-4

分车绿带设置海   城市交通对道路的要求、城市道
绵设施   路分类、城市道路的断面组成

二、材料准备

典型的分车绿带景观设计优秀案例收集2～3个；《城市综合交通体系规划标准》（GB/T 51328—2018）、《城市道路绿化设计标准》（CJJ/T 75—2023）、《城市道路工程设计规范（2016年版）》（CJJ 37—2012）；西北地区城市道路规划设计常用乔木表、灌木表、地被植物表。

三、工具准备

场地测量仪器、电脑、绘画图纸、比例尺、画笔等。

四、人员准备

人员分组，每组5人，明确职责分工（表6-1）。

表6-1　任务分工

任务角色	任务内容
组长：	任务：
组员1：	任务：
组员2：	任务：
组员3：	任务：
组员4：	任务：

 任务 实施

步骤一：场地分析——场地特征分析。

（1）地形地貌分析

通过对场地的地形地貌进行分析，可以了解场地的高低起伏、坡度、水流情况等，进而决定场地的布局和景观的设置。

（2）植被分析

通过对场地的植被进行分析，可以了解植被的种类、分布和生长状况，为后续的植物配置和景观设计提供依据。

（3）建筑物分析

通过对场地的建筑物进行分析，可以了解建筑物的风格、布局和历史背景，为园林景观的设计和规划提供参考。

步骤二：场地分析——场地环境条件分析。

（1）光照条件分析

通过对场地的光照条件进行分析，可以了解日照时间、阴影覆盖情况等，从而合理安排植物的种植位置和景观的布局。

（2）水资源分析

通过对场地的水资源进行分析，可以了解水源、水质和水量等情况，为水景设计和水资源的合理利用提供依据。

（3）空气质量分析

通过对场地的空气质量进行分析，可以了解空气中的污染物含量、风向风速等情况，为植物配置和景观设计提供指导。

步骤三：场地分析——场地人文因素分析。

（1）社会文化分析

通过对场地所处社会文化环境的分析，可以了解当地的历史、风俗、习惯等，为景观设计和规划提供参考。

（2）使用需求分析

通过对场地使用者的需求进行分析，可以了解使用者的年龄、性别、兴趣爱好等，为景观设计和规划提供指导。

（3）可持续性分析

通过对场地的可持续性进行分析，可以了解场地的生态环境、资源利用等情况，为生态景观的设计和规划提供依据。

步骤四：通过以上场地分析，对场地有了基本的了解，对较大的影响因素要做到心中有底，在后期构思中，针对不利因素要避让，对有利因素要充分合理利用。

步骤五：以小组为单位，寻找类似场地的优秀案例，对设计中的优缺点进行分析，取其精华，去其糟粕，不要直接简单粗暴地抄袭，而要将其内涵以设计的手法自然地融入自己的设计中。

步骤六：按照任务分工，以小组为单位对给定路段分车绿带进行规划设计，应用计算机辅助设计或手绘完成一套园林景观设计图纸，最终以图册（A3图册，至少需要包含彩色平面图1张、鸟瞰效果图1张、植物配置图1张、局部效果图2张，其余图纸可根据需要添加）的形式呈现，并辅以150～300字方案设计说明，最终制作成PPT进行汇报演说。

 任务总结 及经验分享

 **任务 检测**

请扫码答题（链接6-5）。

链接 6-5

测试题

🌳 **任务 评价**

班级：＿＿＿＿＿＿＿＿　　组别：＿＿＿＿＿＿＿＿　　姓名：＿＿＿＿＿＿＿＿

表 6-2　分车绿带规划设计任务完成评价

项目	评价内容	评分标准	自我评价	小组评价	教师评价
知识技能（50分）	分车绿带的规划设计	了解分车绿带的分类（5分）			
		掌握分车绿带规划设计原则（15分）			
		掌握不同类型的分车绿带植物配置原则（10分）			
		会查阅城市道路绿地设计相关国家标准和规范（10分）			
		掌握西北地区城市道路设计常用植物（10分）			
任务进度（10分）	在规定时间内完成给定分车绿带的规划任务	全部完成（10分）；完成80%（8分）；完成50%（5分）；完成50%以下不得分			
任务质量（15分）	设计方案符合分车绿带设计原则和植物配置原则	图纸数量达到要求（5分）；设计合理、效果良好（5分）；能解决场地问题（5分）			
素养表现（10分）	设计方案完整，设计图纸表现力强，PPT展示清晰	图纸能表达设计思想（5分）；PPT展示清晰（5分）			
思政表现（15分）	设计工作科学严谨，按时完成任务，乐于与同学分享经验	具有团队协作精神（5分）；具备科学严谨的态度（5分）；观察认真，发言积极（5分）			
合计					
自我评价与总结					
教师点评					

任务二　行道树绿带规划设计

任务 导入

　　以小组为单位对某路段行道树绿带进行规划设计，应用计算机辅助设计或手绘完成一套园林景观设计图纸，最终以图册（A3 图册，至少需要包含彩色平面图 1 张、鸟瞰效果图 1 张、植物配置图 1 张、局部效果图 2 张，其余图纸可根据需要添加）的形式呈现，并辅以 150～300 字方案设计说明，最终制作成 PPT 进行汇报演说。

任务 工单

班级 ＿＿＿＿＿＿＿＿　　姓名 ＿＿＿＿＿＿＿＿　　学号 ＿＿＿＿＿＿＿＿

任务名称	行道树绿带规划设计
任务描述	任务内容：获取行道树绿带规划设计所需的理论知识，分析给定任务场地，分析借鉴相关案例，完成场地规划设计。 任务目的：通过完成规划设计的任务，能够将学到的理论知识学以致用，能够分析案例并总结提炼。 任务流程：理论知识学习、场地分析、案例分析、完成场地设计。 任务方法：学习相应的任务背景知识，查询相关的国家标准和行业标准，对场地进行调查分析，分析相似案例，取其精华，去其糟粕，提炼转化，融入个人风格。
获取信息	要完成任务，需要掌握相关的知识。请收集资料，回答以下问题： 1.行道树绿带的分类有哪些？ 2.行道树绿带的设计原则是什么？ 3.行道树绿带的功能是什么？ 4.行道树绿带植物配置需要注意什么？ 5.适宜用于北方地区行道树栽植的乔木有哪些？

（续表）

任务名称	行道树绿带规划设计		
制订计划			
任务实施	按照预先制订的工作计划，完成本任务，并记录任务实施过程。		
	序号	完成的任务	遇到的问题	解决办法

📚 任务 准备

一、知识准备

行道树绿带：布设在人行道与非机动车道，或人行道与车行道之间，以种植行道树为主的绿带。

（一）行道树绿带的形式

行道树绿带常见有两种，一种是树池式，仅种植一排行道树，树下留有树池；另一种是树带式，行道树下成带状配置地被植物和灌木，形成复层种植的绿带。

（二）行道树绿带设计原则

1. 种植方式

行道树绿带主要的功能是为行人及非机动车庇荫，种植方式主要有两种——树池式和树带式，前者比较适用于行人来往频繁且绿化带较为狭窄的地方，通常采用的是平树池，方便保持街道卫生，在树池上方所设的箅子通过精心设计也是良好的景观构成元素，有时还可以用宿根花卉或盆花遮掩树池，有美化路面的效果。行道树之间采用透气性的路面材料铺装，利于渗水通气，改善土壤条件，保证行道树生长，同时也不妨碍行人行走。

在人行道较宽、行人不多或绿带有隔离防护设施的路段则比较适合树带式，行道树下可以采用乔木、灌木、草坪和地被植物相结合的植物造景方式，一方面，可以减少土壤裸露增加绿量，另一方面，也可以分隔空间，提高防护功能，减尘降噪。一般的做法是在人行道一侧种植高大乔木遮阴，在车行道一侧种植灌木或花卉等低矮植物，起到一定美化效果的同时可以避免高大枝干影响司机视线的通透。

2. 配置形式

行道树配置时尽可能选择间植。传统的配置方式就是单一乔木列植，目前北方大多数街道都采取这种方式配置，即北方5大行道树（杨、柳、榆、槐、椿），但单一树种种植也存在其隐患———一旦出现病虫害，就会相互传染，破坏整条道路的景观，因此应注重日常养护。而不同树木的间植，可以解决以上问题，而且能够丰富道路绿地景观，避免司机、行人产生视觉疲劳。行道树的配置方式还包括乔灌木搭配，林带式种植，可以是常绿乔木与落叶乔木间植、乔木与绿篱、绿球相间，也可以是乔木与花灌木间植。

3. 设计参数

行道树定植株距，应以其树种青壮年期冠幅为准，最小种植株距宜为6.0 m，冠幅较小的乔木种植株距可为4.0 m，使行道树树冠有一定的分布空间，有必要的营养面积，保证其正常生长，同时也便于消防、急救、抢险等车辆在必要时穿行。树干中心至路缘石外侧距离不小于0.75 m，有利于行道树的栽植和养护管理，也是为了树木根系的均衡分布、防止倒伏。行道树种植点可根据路灯等设施适当调整，乔木与路灯最小距离不应小于2.0 m。

行道树进入人行道或非机动车道路面的枝下净高不应小于2.5 m，进入机动车道路面的枝下净高不应小于4.5 m。

行道树的定杆高度应根据其交通状况、功能要求、道路性质以及行道树与机动车道的距离和树木分枝角度等确定。当苗木出圃时，苗木胸径以12～15 cm为宜；分枝角度较大的苗木，干高不得小于3.5 m；分枝角度较小者，也不能小于2.0 m，否则会影响通行安全。行道树的定干高度视具体条件而定，以成年树树冠郁闭度效果好为佳。

4. 远近期结合

行道树树种选择和种植设计直接影响道路景观的近期和远期效果。为了保证新栽行道树的成活率和在种植后较短的时间内达到绿化效果，在苗木选择时，快长树胸径不得小于5 cm，慢长树胸径不宜小于8 cm，同时，选择分枝点高于2.5 m的苗木，确保行车安全。

5. 在道路交叉口视距三角形范围内，行道树绿带规划设计应运用通透式配置

扫描下方二维码获取更多理论知识：

链接6-6

道路绿地的植物
配置原则

二、材料准备

典型的行道树绿带优秀设计案例收集 2～3 个；《城市综合交通体系规划标准》（GB/T 51328—2018）、《城市道路绿化设计标准》（CJJ/T 75—2023）、《城市道路工程设计规范（2016 年版）》（CJJ 37—2012）；西北地区城市道路常用乔木表、灌木表、地被植物表。

三、工具准备

场地测量仪器、电脑、绘画图纸、比例尺、画笔等。

四、人员准备

人员分组，每组 5 人，明确职责分工（表6-3）。

表6-3　任务分工

任务角色	任务内容
组长：	任务：
组员1：	任务：
组员2：	任务：
组员3：	任务：
组员4：	任务：

任务实施

步骤一：城市道路绿地前期调研与分析。

（1）了解道路的基本信息

包括道路类型（主干道、次干道、支路等）、道路宽度、交通流量等。

（2）分析道路环境

考虑道路两侧的建筑、景观、地形等因素，以及周边居民的需求和期望。

（3）确定绿化目标

根据道路环境和居民需求，确定行道树绿带的绿化目标，如提高美观性、改善生态环境、提供休闲场所等。

步骤二：确定城市道路绿地规划原则。

（1）功能性原则

确保行道树绿带能满足交通安全、美化城市、提供遮阴等功能。

（2）生态性原则

优先选择当地适应性强、抗病虫害能力高的植物种类，促进生态平衡。

（3）景观性原则

注重植物配置的美观性和景观效果，与周围环境相协调。

步骤三：以小组为单位，寻找类似城市道路绿地的优秀案例，对设计中的优缺点进行分析，取其精华，去其糟粕，不要直接简单粗暴地抄袭，而要将其内涵以设计的手法自然地融入自己的设计中。

步骤四：确定设计方案。

（1）确定绿带宽度

根据道路宽度和绿化目标，确定行道树绿带的宽度，一般不小于 1.5 m。

（2）选择植物种类

根据规划原则，选择适合的乔木、灌木和地被植物种类，形成丰富的植物群落。

（3）确定种植方式

根据道路情况和绿化目标，选择适合的种植方式，如树带式、树池式等。

（4）设计植物配置

根据植物种类和种植方式，设计合理的植物配置方案，确保景观效果和生态功能的平衡。

步骤五：按照任务分工，以小组为单位对给定路段行道树绿带进行道路绿地规划设计，应用计算机辅助设计或手绘完成一套园林景观设计图纸，最终以图册（A3图册，至少需要包含彩色平面图 1 张、鸟瞰效果图 1 张、植物配置图 1 张、局部效果图 2 张，其余图纸可根据需要添加）的形式呈现，并辅以 150～300 字方案设计说明，最终制作成 PPT 进行汇报演说。

 任务总结及经验分享

任务检测

链接 6-7

请扫码答题（链接 6-7）。

测试题

任务 评价

班级：_____ 组别：_____ 姓名：_____

表 6-4 行道树绿带规划设计任务完成评价

项目	评价内容	评分标准	自我评价	小组评价	教师评价
知识技能（50分）	行道树绿带的规划设计	了解行道树绿带的常见形式（5分）			
		掌握行道树绿带规划设计原则（15分）			
		掌握行道树绿带植物配置原则（10分）			
		会查阅城市道路绿地设计相关国家标准和规范（10分）			
		掌握西北地区城市行道树绿带常用植物（10分）			
任务进度（10分）	在规定时间内完成给定行道树绿带的规划任务	全部完成（10分）；完成80%（8分）；完成50%（5分）；完成50%以下不得分			
任务质量（15分）	设计方案符合行道树绿带设计原则和植物配置原则	图纸数量达到要求（5分）；设计合理、效果良好（5分）；能解决场地问题（5分）			
素养表现（10分）	设计方案完整，设计图纸表现力强，PPT展示清晰	图纸能表达设计思想（5分）；PPT展示清晰（5分）			
思政表现（15分）	设计工作科学严谨，按时完成任务，乐于与同学分享经验	具有团队协作精神（5分）；具备科学严谨的态度（5分）；观察认真，发言积极（5分）			
合计					
自我评价与总结					
教师点评					

任务三　路侧绿带规划设计

任务 导入

以小组为单位对某路段路侧绿带进行规划设计，应用计算机辅助设计或手绘完成一套园林景观设计图纸，最终以图册（A3图册，至少需要包含彩色平面图1张、鸟瞰效果图1张、植物配置图1张、局部效果图2张，其余图纸可根据需要添加）的形式呈现，并辅以150～300字方案设计说明，最终制作成PPT进行展示汇报。

任务 工单

班级 _____　　姓名 _____　　学号 _____

任务名称	路侧绿带规划设计
任务描述	任务内容：获取路侧绿带规划设计所需的理论知识，分析给定任务场地，分析借鉴相关案例，完成场地规划设计。 任务目的：通过完成规划设计的任务，能够将学到的理论知识学以致用，能够分析案例并总结提炼。 任务流程：理论知识学习、场地分析、案例分析、完成场地设计。 任务方法：学习相应的任务背景知识，查询相关的国家标准和行业标准，对场地进行调查分析，对相似案例进行分析，取其精华，去其糟粕，提炼转化，融入个人风格。
获取信息	要完成任务，需要掌握相关的知识。请收集资料，回答以下问题： 1.路侧绿带的常见类型有哪些？ 2.路侧绿带的功能是什么？ 3.路侧绿带的设计原则是什么？ 4.路侧绿带植物配置可使用的植物种类有哪些？ 5.设计路侧绿带时应查阅哪些国家或行业标准？

（续表）

任务名称	路侧绿带规划设计		
制订计划			
任务实施	按照预先制订的工作计划，完成本任务，并记录任务实施过程。		
	序号	完成的任务	遇到的问题	解决办法

任务准备

一、知识准备

路侧绿带：布设在人行道外缘至同侧道路红线之间的绿带。

（一）路侧绿带常见类型

（1）因建筑红线与道路红线重合，路侧绿带毗邻建筑布设，形成建筑的基础绿化带，面积通常不是很大；

（2）建筑退让红线后留出人行道，路侧绿带位于两条人行道之间，通常靠近建筑的一侧供附近居民使用，靠近车行道的一侧供过路行人使用，这种做法普遍应用于商业街等人流量大的地段；

（3）建筑退让红线后在道路红线外侧留出绿地，路侧绿地与道路红线外侧绿地相结合。

（二）路侧绿带设计原则

1. 基本原则

（1）生态优先。路侧绿带的规划设计应优先考虑生态效益，选用适应性强、生态功能良好的植物材料，提高绿地覆盖率，改善城市生态环境。

（2）以人为本。规划设计应充分考虑市民的休闲、游憩需求，创造舒适、宜人的绿色空间，提高市民的生活质量。

（3）因地制宜。结合城市道路的实际情况和周边环境，因地制宜地制定路侧绿带的规划设计方案，确保绿地的实用性和美观性。

2. 具体规划原则

（1）合理布局。路侧绿带的宽度应根据道路的等级、功能以及周边环境进行合理设置，一般不应小于1.5 m。对于主干道上的路侧绿带，宽度应适当增加，以便形成较好的景观效果和生态效应。

（2）植物配置。植物配置应体现层次感和季相变化，乔木、灌木、地被植物相结合，形成丰富的植物群落。选择适应性强、生长迅速、抗污染的植物，如乔木可选柳树、国槐、栾树等。灌木可选丁香、榆叶梅等。

（3）功能划分。根据道路的功能和周边环境，合理划分路侧绿带的功能区域，如休闲区、观赏区、防护区等。在功能划分的基础上，进行植物配置和景观设计，使路侧绿带的功能更加明确和实用。

（4）景观效果。注重景观效果的营造，通过植物造型、景观小品等手段，创造美观、大方的路侧绿带景观。景观效果应与周边环境相协调，体现城市的整体形象和特色。

（5）配套设施。根据需要设置座椅、照明、垃圾桶等配套设施，方便市民的使用和管理。配套设施应与路侧绿带的景观效果相协调，避免破坏整体美感。

（6）可持续性。在规划设计中考虑绿地的可持续发展，通过采用生态工程技术、推广绿色建筑材料等手段，降低绿地建设对环境的影响。注重绿地的长期维护和管理，确保绿地的生态功能和景观效果能够长期保持。

链接 6-8

具体规划原则注
意事项

扫描下方二维码获取更多理论知识：

链接 6-9

《城市道路绿化设计标准》
（CJJ/T 75—2023）——4.4 路侧绿地

二、材料准备

典型的路侧绿带优秀设计案例收集 2～3 个；《城市综合交通体系规划标准》（GB/T 51328—2018）、《城市道路绿化设计标准》（CJJ/T 75—2023）、《城市道路工程设计规范（2016 年版）》（CJJ 37—2012）、《公园设计规范》（GB 51192—2016）、《城市绿地设计规范》（GB 50420—2007）；西北地区城市道路常用乔木表、灌木表、地被植物表。

三、工具准备

场地测量仪器、电脑、绘画图纸、比例尺、画笔等。

四、人员准备

人员分组，每组 5 人，明确职责分工（表 6-5）。

表6-5　任务分工

任务角色	任务内容
组长：	任务：
组员1：	任务：
组员2：	任务：
组员3：	任务：
组员4：	任务：

 任务实施

步骤一：前期准备阶段。

（1）现状调研

对规划区域内的路侧绿带现状进行详细的调研，包括绿地的面积、植物种类、生长状况、土壤条件等。同时了解周边环境，如交通流量、行人流量、建筑布局等。

（2）需求分析

分析规划区域内的市民需求，如休闲、游憩、防护等。结合城市规划和道路功能，确定路侧绿带的功能定位。

（3）目标设定

根据现状调研和需求分析，设定路侧绿带规划设计的目标，如提高绿地覆盖率、改善生态环境、提升景观效果等。

步骤二：规划设计阶段。

（1）概念设计

在现状调研和需求分析的基础上，提出路侧绿带的概念设计方案，包括绿地的整体布局、植物配置、景观节点等。

（2）详细设计

根据概念设计方案，进行详细的规划设计，包括：确定绿地的宽度和形状，根据道路等级和周边环境，设定合理的绿地宽度，一般主干道上的分车绿带宽度不小于2.5 m，路侧绿带宽度也应适当。选择植物种类，根据地理环境、气候条件和土壤状况，选择适应性强、生长快、耐旱抗逆的植物种类，并考虑植物与环境的协调性和景观效果。设计景观节点，如花坛、雕塑、座椅等，丰富绿地的景观效果和使用功能。

（3）技术措施设计

设计土壤改良、灌溉系统、病虫害防治等技术措施，确保绿地的健康生长和景观效果的维护。

（4）配套设施设计

根据需要设计座椅、照明、垃圾桶等配套设施，方便市民的使用和管理。

步骤三：按照任务分工，以小组为单位对给定路段路侧绿带进行规划设计，应用计算机辅助或手绘完成一套园林景观设计图纸，最终以图册（A3图册，至少需要包含彩色平面图1张、鸟瞰效果图1张、植物配置图1张、局部效果图2张，其余图纸可根据需要添加）的形式呈现，并辅以150～300字方案设计说明，最后制作成PPT进行汇报展示。

 任务总结及经验分享

 **任务检测**

请扫码答题（链接6-10）。

链接6-10

测试题

任务评价

班级：＿＿＿＿＿＿　　组别：＿＿＿＿＿＿　　姓名：＿＿＿＿＿＿

表6-6　路侧绿带规划设计任务完成评价

项目	评价内容	评分标准	自我评价	小组评价	教师评价
知识技能（50分）	路侧绿带的规划设计	了解路侧绿带的常见形式（5分）			
		掌握路侧绿带规划设计原则（15分）			
		掌握不同类型的路侧绿带植物配置原则（10分）			
		会查阅城市道路绿地设计相关国家标准和规范（10分）			
		掌握西北地区城市道路设计常用植物（10分）			
任务进度（10分）	在规定时间内完成给定路侧绿带的规划任务	全部完成（10分）；完成80%（8分）；完成50%（5分）；完成50%以下不得分			
任务质量（15分）	设计方案符合路侧绿带设计原则和植物配置原则	图纸数量达到要求（5分）；设计合理、效果良好（5分）；能解决场地问题（5分）			

（续表）

项目	评价内容	评分标准	自我评价	小组评价	教师评价
素养表现（10分）	设计方案完整，设计图纸表现力强，PPT展示清晰	图纸能表达设计思想（5分）；PPT展示清晰（5分）			
思政表现（15分）	设计工作科学严谨，按时完成任务，乐于与同学分享经验	具有团队协作精神（5分）；具备科学严谨的态度（5分）；观察认真，发言积极（5分）			
合计					
自我评价与总结					
教师点评					

任务四　交通岛绿地规划设计

任务导入

以小组为单位对某交通岛绿地进行规划设计，应用计算机辅助设计或手绘完成一套园林景观设计图纸，最终以图册（A3图册，至少需要包含彩色平面图1张、鸟瞰效果图1张、植物配置图1张、局部效果图2张，其余图纸可根据需要添加）的形式呈现，并辅以150～300字方案设计说明，最终制作成PPT进行汇报展示。

任务工单

班级 _____　　姓名 _____　　学号 _____

任务名称	交通岛绿地规划设计
任务描述	任务内容：获取交通岛绿地规划设计所需的理论知识，分析给定任务场地，分析借鉴相关案例，完成场地规划设计。 任务目的：通过完成规划设计的任务，能够将学到的理论知识学以致用，能够分析案例并总结提炼。 任务流程：理论知识学习、场地分析、案例分析、完成场地设计。 任务方法：学习相应的任务背景知识，查询相关的国家标准和行业标准，对场地进行调查分析，对相似案例进行分析，取其精华，去其糟粕，提炼转化，融入个人风格。

（续表）

任务名称	交通岛绿地规划设计
获取信息	要完成任务，需要掌握相关的知识。请收集资料，回答以下问题： 1. 交通岛绿地分类有哪些？ 2. 交通岛及交通岛绿地的主要功能是什么？ 3. 交通岛绿地规划设计原则是什么？
制订计划	
任务实施	按照预先制订的工作计划，完成本任务，并记录任务实施过程。

序号	完成的任务	遇到的问题	解决办法

任务 准备

一、知识准备

（一）交通岛绿地的分类

道路是城市空间结构的重要骨架，而道路交叉口是城市的重要节点。交通岛绿地指可绿化的交通岛用地，分为中心岛绿地、导向岛绿地和立体交叉绿岛。中心岛绿地指位于交叉路口上可绿化的中心岛用地。导向岛绿地指位于交叉路口上可绿化的导向岛用地。立体交叉绿岛指互通式立体交叉干道与匝道围合的绿化用地。

（二）交通岛绿地的设计原则

1. 确保交通安全

交通岛的主要功能是引导行车方向、渠化交通，因此交通岛绿化应结合这一功能。通过在交通岛周边合理种植，可以强化交通岛外缘的线形，有利于引导驾驶员的行车视线，特别在雪天、雾天等恶劣天气可弥补交通标志的不足。因此交通岛周边在行车视距范围内应采用通透式植物配置，增强导向作用。

交通岛绿地设计应充分考虑驾驶员的行车视距，确保在视距三角形范围内无阻碍视线的物体。沿交通岛内侧道路绕行的车辆，在其行车视距范围内，驾驶员视线会穿过交通岛边缘观察路况行人，要求绿化高度在 0.7 m 以下，因此应采用通透式栽植。

2. 诱导交通，分隔车流

交通岛绿地设计应起到诱导交通、分隔车流的作用。中心岛绿地应保持各路口之间的行车视线通透，布置成装饰绿地，而导向岛绿地则应配置地被植物，以增强导向作用。通过绿化强化交通岛的线形，弥补交通标线的不足，使驾驶员能够清晰地了解交通流向和交通规则。

为了保持各路口之间的行车视线通透，中心岛绿地应布置成装饰绿地，中心岛上乔木种植不宜过密，确保一定的通透性。立体交叉绿岛适宜种植草坪等低矮地被植物。

3. 美化街景

交通岛绿地设计应注重美观和绿化效果。中心岛绿地可以设计成圆形、长圆形、方形、圆角椭圆形等多种形状，以适应不同道路交叉口的需要。在立体交叉绿岛上，可以种植开阔的草坪，并在草坪上点缀有较高观赏价值的常绿植物和花灌木，形成疏朗开阔的绿化效果。

4. 适应环境和功能需求

交通岛绿地设计应根据各类广场的功能、规模和周边环境进行设计，确保与周边环境相协调。在选择植物种类时，应考虑当地的气候、土壤等自然条件，选择适宜的树种和花卉进行种植。

5. 便于维护和管理

交通岛绿地设计应考虑到日后的维护和管理问题。应选择易于养护的植物品种，并合理规划绿地布局和设施设置，以便于日常维护和管理。

（三）交通岛绿地设计案例分析

扫描下方二维码获取更多理论知识：

链接 6-11

案例分析：北京
奥林匹克森林公
园生态廊道

二、材料准备

典型的交通岛绿地设计优秀案例收集 2～3 个；《城市综合交通体系规划标准》（GB/T 51328—2018）、《城市道路绿化设计标准》（CJJ/T 75—2023）、《城市道路工程设计规范（2016 年版）》（CJJ 37—2012）；西北地区城市道路常用乔木表、灌木表、地被植物表。

三、工具准备

场地测量仪器、电脑、绘画图纸、比例尺、画笔等。

四、人员准备

人员分组，每组 5 人，明确职责分工（表6-7）。

表 6-7　任务分工

任务角色	任务内容
组长：	任务：
组员 1：	任务：
组员 2：	任务：
组员 3：	任务：
组员 4：	任务：

任务 实施

步骤一：确定交通岛绿地的功能。

诱导交通，起到分界线的作用。通过绿化强化交通岛的线形，弥补交通标线的不足。美化街景，改善道路环境状况。

步骤二：植物配置规划。

交通岛周边的植物配置宜增强导向作用，布置成装饰绿地。中心岛绿地应保持各路口之间的行车视线通透，在行车视距范围内应采用通透式配置。立体交叉绿岛应以种植草坪等地被植物为主，桥下宜种植耐阴地被植物，墙面可进行垂直绿化。导向岛绿地应配置地被植物。

步骤三：设计考虑因素。

考虑市政工程设施的配合和协调。确保行人、车辆安全。选择交叉口类型，确定视距三角形和交叉口红线的位置。考虑交叉口交通管制和竖向设计，布置排水设施。

步骤四：具体规划细节。

根据交通岛的类型和位置，选择合适的植物种类和配置方式。对于中心岛绿地，要确保行车视线的通透，避免设置过高微地形阻碍视线。对于导向岛绿地，应以低矮灌木和地被植物为主，平面构图宜简洁。对于立体交叉绿岛，绿化种植宜采用疏林草地方式，营造疏朗通透的景观效果。

步骤五：绿化效果与环保功能。

考虑绿化对道路环境的改善效果，如吸收机动车尾气和道路上的粉尘，改善道路的环境卫生状况。考虑绿化与周围建筑群的协调，形成优美的城市景观。

步骤六：按照任务分工，以小组为单位对给定路段交通岛绿地进行规划设计，应用计算机辅助设计或手绘完成一套园林景观设计图纸，最终以图册（A3 图册，至少需要包含彩色平面图 1 张、鸟瞰效果图 1 张、植物配置图 1 张、局部效果图 2 张，其余图纸可根据需要添加）的形式呈现，并辅以 150～300 字方案设计说明，最终制作成 PPT 进行展示分享。

 任务总结 及经验分享

 任务 检测

请扫码答题（链接 6-12）。

链接 6-12

测试题

任务 评价

班级：_____ 组别：_____ 姓名：_____

表 6-8 交通岛绿地规划设计任务完成评价

项目	评价内容	评分标准	自我评价	小组评价	教师评价
知识技能（50分）	交通岛绿地的规划设计	了解交通岛绿地的分类（5分）			
		掌握交通岛绿地规划设计原则（15分）			
		掌握不同类型的交通岛绿地植物配置原则（10分）			
		会查阅城市道路绿地设计相关国家标准和规范（10分）			
		掌握西北地区城市道路设计常用植物（10分）			

（续表）

项目	评价内容	评分标准	自我评价	小组评价	教师评价
任务进度（10分）	在规定时间内完成给定交通岛绿地的规划任务	全部完成（10分）； 完成80%（8分）； 完成50%（5分）； 完成50%以下不得分			
任务质量（15分）	设计方案符合交通岛绿带设计原则和植物配置原则	图纸数量达到要求（5分）； 设计合理、效果良好（5分）； 能解决场地问题（5分）			
素养表现（10分）	设计方案完整，设计图纸表现力强，PPT展示清晰	图纸能表达设计思想（5分）； PPT展示清晰（5分）			
思政表现（15分）	设计工作科学严谨，按时完成任务，乐于与同学分享经验	具有团队协作精神（5分）； 具备科学严谨的态度（5分）； 观察认真，发言积极（5分）			
合计					
自我评价与总结					
教师点评					

项目七 庭院、屋顶花园和城市田园规划设计

💡 **项目导读**

　　随着社会经济水平和文化水平的发展，人居环境水平得到大幅提升，人们的审美情趣和对于生活中"美"的要求也越来越高。园林作为一项能够快速提升场地质感、改善环境质量的柔性内容，近年来越发受到认可，大家都乐于使用园林造景作为实现小环境质变的手段。本项目主要讲解庭院、屋顶花园和城市田园规划设计。

▌ 知识目标

　　掌握庭院、屋顶花园的不同特点；认知并掌握庭院、屋顶花园的多种设计风格和特征；了解城市田园项目，掌握其打造方式。

▌ 技能目标

　　熟练掌握设计步骤、建造要点；能够区分植物的适宜环境，正确选用设计材料；对农业栽培技术有一定了解。

▌ 思政目标

　　党的二十大报告将"城乡人居环境明显改善，美丽中国建设成效显著"列入未来五年的主要目标任务，彰显了城乡人居环境建设的重要地位。我们要坚持以习近平新时代中国特色社会主义思想为指导，全面贯彻落实习近平生态文明思想，改善城乡人居环境，建设更加美丽的家园。通过课程学习和任务实践，掌握庭院、屋顶花园、城市田园项目的各方面知识技能，完善整体规划设计能力，提升综合设计水平，能够对优秀案例展开分析并从中获益。

任务一　庭院、屋顶花园风格规划设计基础

任务 导入

你所在城市某别墅（作业内容由授课教师给定）业主希望对自家住宅庭院进行整体规划设计，但不了解庭院设计风格，没有明确风格意向，请为该业主展示国内外常见设计风格案例和你对该庭院的基本规划。

任务 工单

班级 _____　　姓名 _____　　学号 _____

任务名称	庭院基础规划设计		
任务描述	任务内容：<u>学习庭院设计风格相关知识；分析场地，给出规划方向建议。</u> 任务目的：<u>能够总结案例的特色亮点，分析规划设计意图；完成任务要求。</u> 任务流程：<u>查找、分析经典案例、总结特点和方法、完成个人设计。</u> 任务方法：对案例的动线、分区、植物设计等进行分析，总结设计理念；对场地进行分析，完善场地设计。		
获取信息	要完成任务，需要掌握相关的知识。请收集资料，回答以下问题： 1. 自查资料，总结庭院、屋顶花园有哪些异同点？ 2. 根据之前课程的学习，你认为庭院、屋顶花园设计应该注重哪些方面？ 3. 结合理论学习和其他课程知识，比较庭院、屋顶花园设计与园林规划设计程序有没有区别，为什么会产生这样的区别？		
制订计划			
任务实施	按照预先制订的工作计划，完成本任务，并记录任务实施过程。		
	序号	完成的任务	遇到的问题	解决办法

任务准备

一、知识准备

（一）庭院

1. 庭院

《玉篇》中道："庭者，堂前阶也"；"院者，周坦也"，现在庭院指建筑物（包括亭、台、楼、榭）前后左右或被建筑物包围的场地，即一个建筑的所有附属场地、植被等。本项目中的庭院是指房屋前后院落、露台、天台等，由围栏或其他物品分隔出独立区域的场地。

2. 私家庭院

私家庭院的场地常见于别墅自带的院子、高层住宅一楼带院子的户型、农村自建房宅院、四合院等，属于业主个人所有的住宅建筑的附属场地，一般场地体量较小，需要通过动线和视线上多变的设计手法，在感官上增大场地面积。可以看出，这类庭院的重点在于"私"，意味着这个场地是完全服务于场地所有者，在设计时需要着重考虑甲方的个人喜好、审美和场所私密性等个人需求与场地条件、设计原则的结合。

3. 屋顶花园

屋顶花园是指建设在房屋建筑顶部、上层不封顶的空间内的花园，在国内常见于写字楼或商场顶楼，以及别墅顶层、露台的位置，前两者较后者在面积体量上要庞大许多；但也有一些商用建筑仅在屋顶设置几个花池，以减少养护成本，或单纯改善屋顶单调的环境，在设计上非常简单，这一类一般不算作屋顶花园。

根据场地所处位置可以看出，庭院、屋顶花园在某些情况下是相同的，因此它们的设计原则是共通的，但也各有侧重点。在之后的学习中，若无明确区分，则庭院规划设计中的内容同样适用于屋顶花园规划设计，不再赘述。

（二）庭院规划设计的风格

严格来说，目前对庭院的规划设计还没有形成完整、独立的体系，一般结合园林、建筑二者的设计内容进行风格界定。常见庭院设计的风格按照布局方式可分为规则式、自然式、混合式，按照地域文化特征可分为欧式、中式等，其下又可以按照国家或民族文化习性和自然环境细分。

1. 传统中式庭院

传统中式庭院的美学特征源于中国传统园林，有着丰厚的文化底蕴和内涵，还有儒释道等独特思想的影响，体现独特的东方之美。常见形式有四合院、私家园林和岭南园林，基本特征同园林风格是一致的。

2. 新中式庭院

新中式庭院是在传统园林的基础上，融入结构主义、解构主义等风格，提取传统中式园林的典型意象进行加工再创作而成的现代风格。与传统园林自然的方圆、直曲相比，新中式庭院的线条对比更明显和板正，用色和选材也倾向于现代、简约的款式。

3. 日式庭院

日式庭院受中国传统文化和园林艺术风格的影响极大，可以说是立地和取材于日本本土条件的微缩版中式传统园林。其中最出名的莫过于枯山水，除此之外也根据其受不同时期历史文化和地域特征影响延伸出许多分支：茶庭最为朴素，与日本茶道文化密不可分；枯山水重在写意，用沙石等表现自然风景；筑山庭是微缩的自然景观，设计素材非常丰富；顾名思义，坪庭是用一坪见方的面积打造的小庭院，私密性更强。

4. 欧式庭院

图 7-1 中意式、英式、法式都是欧式庭院风格下的分支，是在欧洲整体宗教、文化、艺术影响下，由各自国家特色和地理环境等因素出发，产生的独具特色的庭院风格。总体来说，欧式庭院的风格受文艺复兴时期影响最大，喜爱规整、对称、华丽，通过使用雕塑、梁柱、喷泉水池、规则式种植的乔木和修剪平整的绿篱的形式来表现。

5. 田园式庭院

田园式庭院不是某个国家或地区特有，而是相对偏向田园化、乡村化的设计，讲求自然野趣、返璞归真，各个国家和地区都有各自独特的田园风格和乡村文化，因此田园式庭院也就没有固定的样式或风格。

6. 现代式庭院

现代式庭院多受现代美学风格影响，结合现代科技，让生活更加便捷自在。相比历史悠久的各类庭院相对固定和格式化的风格而言，现代式没有明显的规则化，可以将各种风格特点融合装进一个场地，具有线条简明、色彩干净、结构简单的特点。

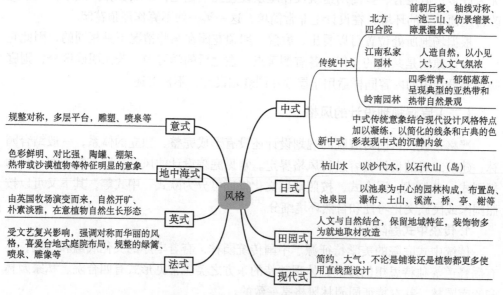

图 7-1 部分常见庭院风格及特征

二、资料准备

（1）通过网络和书本等途径，收集学习世界知名庭院设计案例；

（2）收集国内外常见庭院设计风格，整理它们各自的特点和常用的造园手段、常见的园林小品及构筑物；

（3）收集庭院设计相关技术规范或依据。通过多种途径，寻找设计相关的规范性文件，使自己的设计有据可依；

（4）常用植物表。查阅资料，收集相关资料，制作本地区常见、常用植物信息表。表格一般包括名称、科属信息、特征等内容。

三、工具准备

开展现场调查和方案设计所需工具：相机、绘图工具、测量工具、绘图电脑等。

四、人员准备

人员分组，每组5人，明确职责分工（表7-1）。

表7-1 任务分工

任务角色	任务内容
组长	任务：
组员1：	任务：
组员2：	任务：
组员3：	任务：
组员4：	任务：

 任务 实施

步骤一：掌握场地基本情况。查阅资料，了解当地气候、水文、地理条件，熟悉常用植物特征及习性，并加以总结归纳。

步骤二：查找经典案例并分析。选择自己感兴趣或规定的三种庭院风格，提取主要特征（如标志性元素、主色彩搭配、造景手法等），制作表格并进行对比分析。格式参考如表7-2。

表7-2 庭院风格主要特征

	风格一	风格二	风格三
标志性元素			
主色彩搭配			
造景手法			
……			

分析结果：风格一受××影响，多使用××，色彩以××为主，较风格二、三××；风格二受××限制，多种植××，较风格一××，较风格三××；风格三××。

步骤三：踏查场地。实地踏勘，查看场地情况，记录场地信息，绘制设计草图。

步骤四：细化图纸。根据初设图纸设计深度要求，完成全套图纸设计。

步骤五：制作PPT并进行汇报。

 任务总结 及经验分享

 任务 检测

请扫码答题（链接7-1）。

链接 7-1

测试题

任务 评价

班级：_____　组别：_____　姓名：_____

表7-3　庭院基础规划设计任务完成评价

项目	评价内容	评分标准	自我评价	小组评价	教师评价
知识技能（10分）	对设计风格的掌握情况	对设计风格的掌握情况（每种风格得2分，满分10分）			
任务进度（20分）	一周内完成所有工作环节	按时提交作业内容（5分）步骤准确完整（5分）；图纸专业完善（10分）			
任务质量（40分）	设计方案和汇报内容符合任务—课程设置	各环节印证资料（10分）；设计分析内容完整清晰（10分）；图纸专业性（10分）；PPT排版、内容（10分）			
素养表现（20分）	通过设计底稿和思路汇报，分析所选实例中设计者设计语言	汇报思路清晰、语言表述清晰简练（10分）；分析内容准确（10分）			
思政表现（10分）	对项目七导语和思政目标的理解	对习近平生态文明思想、改善人居环境等思想政策的理解（10分）			
合计					
自我评价与总结					
教师点评					

任务二　庭院、屋顶花园规划设计

任务导入

你所在城市某别墅（作业内容由授课教师给定）业主希望对自家住宅庭院进行整体规划设计，要求色彩明快、风格简约、养护简单，请为该庭院做出完整的规划设计。

任务工单

班级 _____　　姓名 _____　　学号 _____

任务名称	私家庭院规划设计
任务描述	任务内容：分析场地现状，对场地进行规划设计。 任务目的：能够参与完成全过程的设计，了解设计步骤和方法。 任务流程：现场踏勘、整理资料、开展设计、完成图纸和PPT。 任务方法：对场地进行分析，规划功能分区、道路动线、植物配置等设计内容。
获取信息	要完成任务，需要掌握相关的知识。请收集资料，回答以下问题： 1.本项目的地理环境、气候状况如何，对设计有哪些影响？ 2.对场地基础图纸进行初步分析，你认为场地现状存在哪些问题和需要注意、改善的地方？ 3.根据之前课程的学习，你认为私家庭院设计应该注重哪些方面？ 4.结合理论学习和其他课程知识，你认为在庭院或屋顶花园的设计中，植物设计是不是重点？
制订计划	

（续表）

任务名称	私家庭院规划设计		
任务实施	按照预先制订的工作计划，完成本任务，并记录任务实施过程。		
	序号	完成的任务	遇到的问题	解决办法

任务准备

一、庭院规划设计知识准备

庭院规划设计作为园林设计的一个分支，基本流程和主要内容是一致的，只不过因为受面积限制，有一些不同的侧重点。以下为庭院规划设计流程。

1. 踏查场地

对场地内部和周边环境进行现场查看，掌握房屋结构、朝向，场地位置、面积、地面铺装状况，场地光照时间、光线最强和最弱点，双向水平视线、俯视或鸟瞰全貌，场地周边植被生长和自然状况，与相邻建筑或其他场地的距离等。

2. 收集基础资料

了解当地气温、降水、土壤状况，当地常见常用植物种类、土壤类型，管线预埋情况，主要功能需求及生活习惯等。

3. 绘制测量图纸

结合仪器设备，绘制场地整体的现状平面、立面图纸，要包含建筑、庭院、周边道路、现有植被、构筑物等的具体数据信息，主要包括建筑和庭院轮廓尺寸、原始标高、设施定位、植物点位等。

4. 结合现状讨论

了解甲方的偏好和想要达到的效果，结合场地现状初步分析其可行性，对需要大改动的方面提前沟通确认，现场讨论确定功能分区或重点区域位置。

5. 开展初设工作

根据需求开展设计工作，重点要考虑功能区划分、动线和可达性、铺装材料和色彩、植物品种选择、植物和水体越冬措施等，强调私密性和个人特色，做好竖向尺度把握。方案图纸包括：平面布置图、功能分析图、节点意向图、造价概算表等。

6. 修改完善，提交具体方案

根据初设图纸内容与甲方对接，征询具体意见并修改完善，进行扩初设计。扩初设计内容包括：效果图、平面尺寸设计、竖向标高设计、植物设计、主要节点立面图、铺装设计、水景设计、给排水设计、灯光设计等。

链接 7-2

庭院设计注意
事项

7. 施工图设计

这部分内容请同学们通过其他课程和实践，以及自学等方式学习。

二、资料准备

1. 场地前期分析

通过调查，掌握场地现状资料，并做好记录与分析，为规划设计奠定坚实的实践基础。

2. 收集相关案例资料

通过网络和书本等途径，收集学习相关案例资料并进行整理，为规划设计提供借鉴。

3. 收集庭院规划设计相关技术规范或依据

通过多种途径，寻找设计相关的规范性文件，使自己的设计有据可依。

4. 常用植物表

查阅资料，收集相关资料，制作本地区常见、常用植物信息表。表格一般包括名称、科属信息、特征等内容。

三、工具准备

开展现场调查和方案设计所需工具：相机、绘图工具、测量工具、绘图电脑等。

四、人员准备

人员分组，每组 5 人，明确职责分工（表 7-4）。

表 7-4　任务分工

任务角色	任务内容
组长：	任务：
组员 1：	任务：
组员 2：	任务：
组员 3：	任务：
组员 4：	任务：

 任务 实施

步骤一：掌握庭院规划设计场地基本情况。查阅资料，了解当地气候、水文、地理条件，熟悉常用植物特征及习性，并加以总结归纳。

步骤二：选取案例。选择你认为适合场地条件且符合设计需求的案例，进行分析和语言组织，形成内容简洁、分析准确、通俗易懂的 PPT 材料。

步骤三：踏查场地。实地踏勘，查看场地情况，记录场地信息，绘制设计草图。

步骤四：细化图纸。根据初设图纸设计深度要求，结合本任务中的知识准备等内容，综合考虑多方面因素，完成全套图纸设计。

步骤五：制作 PPT 并进行汇报。PPT 要包含场地现状、案例分享、设计思路等内容。

 任务总结 及经验分享

 **任务** 检测

请扫码答题（链接 7-3）。

链接 7-3

测试题

任务 评价

班级：_____　　组别：_____　　姓名：_____

表 7-5　私家庭院规划设计任务完成评价

项目	评价内容	评分标准	自我评价	小组评价	教师评价
知识技能（20分）	对任务内容的掌握	设计流程（10分）；注意事项（10分）			
任务进度（20分）	一周内完成所有工作环节	按时提交作业内容（5分）；步骤准确完整（5分）；图纸专业完善（10分）			
任务质量（40分）	设计方案和汇报内容符合任务二课程设置	各环节印证资料（10分）；设计分析内容完整清晰（10分）；图纸专业性（10分）；PPT 排版、内容（10分）			
素养表现（10分）	通过设计底稿和思路汇报，分析所选实例中设计者设计语言	汇报思路清晰、语言表述清晰简练（5分）；分析内容准确（5分）			

（续表）

项目	评价内容	评分标准	自我评价	小组评价	教师评价
思政表现（10分）	对项目七导语和思政目标的理解	对习近平生态文明思想、改善人居环境等思想政策的理解（10分）			
合计					
自我评价与总结					
教师点评					

任务三　城市田园规划设计

任务导入

　　某老旧小区（由教师给定具体实施场地）计划在小区一块日渐荒废的场地开辟出一个小菜园，居民可以认领菜园内的地块种植瓜果蔬菜，这样既可以提升小区绿化面积，又可以避免破坏公共绿地的不文明行为。请对该场地的城市田园改造进行规划设计。

　　场地信息如下：位于小区西北角，是一个长15 m，宽6 m的标准长方形场地，场地内铺设有照明线路和给排水管网，地面堆积了一些建筑垃圾，部分水泥地面破损。

任务工单

班级 ＿＿＿＿＿＿＿＿＿　　姓名 ＿＿＿＿＿＿＿＿＿　　学号 ＿＿＿＿＿＿＿＿＿

任务名称	城市田园规划设计
任务描述	**任务内容**：学习城市田园理念和设计方向；开展实际场地的规划设计。 **任务目的**：掌握城市田园意义和发展方向；完成个人设计。 **任务流程**：查找资料，分析著名案例；总结案例经验，提炼设计语言；学习作物栽培的基础知识；融会贯通，开展设计工作。 **任务方法**：自查资料预习；学习课本知识；课后自行拓展知识内容；进行场地踏勘；开展设计工作；制作PPT。

（续表）

任务名称	城市田园规划设计		
获取信息	要完成任务，需要掌握相关的知识。请收集资料，回答以下问题： 1.田园城市是什么，与城市田园有什么区别？ 2.你认为城市田园改造的意义大吗，是否有必要进行大规模的城市田园改造？ 3.查找资料，了解农作物种植的基础知识和所在地区主要农作物产物。		
制订计划			
任务实施	按照预先制订的工作计划，完成本任务，并记录任务实施过程。		
	序号	完成的任务	遇到的问题	解决办法

📚 **任务 准备**

一、城市田园规划设计知识准备

（一）城市田园

城市田园需要区别于田园城市，是对城市内小区、楼顶、口袋公园等公共场地进行一些适农化改造，打造城市中的微型农田，是城市与自然连接、社会公众群体参与、带动生活回归自然的重要空间和途径。

（二）进行城市田园规划设计的意义

1. 推进城市空间治理

老城区或老旧小区改造难度大，一些场地因为过于散碎或其他条件限制，无法开展整体规划建设，场地被限制、浪费，但人们对于美好生活环境的需求又越来越高，这时就可以考虑开展城市田园设计，提高场地利用率，同时增加了绿化面积，让场地"活"起来。

2. 体现人文关怀

在高速发展的城市中，人们常常会感到压抑、疲惫，人们对田园生活的向往越来越多，但受各种原因限制，难以回归自给自足、怡然自得的田园生活。特别是进城生活和刚退休的老年人，因为生活环境和生活习惯的改变，难以适应新的生活方式，城市田园的出现为他们无聊单调的生活增加了乐趣。现在越来越多的城市田园设计还增加了无障碍设施，或结合特殊群体的需要进行建设，让残障人士、特殊群体有了更多接触外界的机会，成为他们与普通人群联系更进一步的桥梁。

3. 加强劳动实践

城市化的发展为人们的生活带来诸多便利，但也带走了少年儿童接触自然、参加劳动的机会，城市田园正好可以弥补空白。目前，各地的中小学都有各式的实践课程，种植蔬菜并观察生长状况就是常见内容之一，对提升学生的实践动手能力、增强厉行节约的理念有一定效果。

（三）城市田园规划设计的发展方向

1. 社区花园

采取共建共治共享的模式，由专业规划设计团队开展规划设计工作，由居民自己提出设计需求、参与项目建设、认领地块种植，由居民自己进行管理，场地建成后所有居民共享使用。

2. 一米菜园

美国的梅尔·巴塞洛缪经过多次实验和改良，开发出"一米菜园"的园艺方法，并风靡世界。一米菜园的主要内容是搭建边长 1～1.2 m、深度 15 cm 的种植箱，配以适合果蔬生长的种植土。相较于直接在地面开垦土地播种栽植，种植箱更加适合城市地面，减少了管理成本。

3. 城市农场

国外很多国家都开始推行城市农场理念，在市区公园、广场、大型建筑屋顶等区域划出一块场地作为农业栽植的场地，经过合理的规划，按照植物的生长习性和特点分区域搭配栽植，能够达到规模化的产量，供周边居民或餐饮业使用，解决食品安全问题。

4. 阳台菜园

很多家庭摸索出了适合在室内外阳台或屋顶小规模栽植果蔬的经验，他们利用水管、泡沫箱或饲料槽等具有一定深度的容器栽植作物，根据家庭环境和布局，把这些容器放置在各处，栽植上自己喜欢的作物。

二、资料准备

（1）城市田园几个发展方向的具体资料；

（2）适合城市田园的农作物种类；

（3）查找农作物的播种、育苗、抚育等方面的知识，充实设计内容；

（4）通过多种途径，寻找设计相关的规范性文件，使自己的设计有据可依。

三、工具准备

开展现场调查和方案设计所需工具：相机、绘图工具、测量工具、绘图电脑等。

四、人员准备

人员分组，每组5人，明确职责分工（表7-6）。

表7-6　任务分工

任务角色	任务内容
组长：	任务：
组员1：	任务：
组员2：	任务：
组员3：	任务：
组员4：	任务：

 任务 实施

步骤一：分析案例。以"城市田园发展方向"中提到的4个类别为范围，每组选择一个案例进行细致分析。要求案例必须是成功落地运转的，内容充实完善，有新闻或其他佐证材料。分析内容包括案例基本信息（类别、位置、规模、实际效果、产出数据、体验评价等内容），案例运维模式，现状，优缺点等。需制作PPT，进行汇报。

步骤二：实地踏查。实地踏勘，查看场地情况，记录场地信息，绘制设计草图。

步骤三：细化图纸。根据初设图纸设计深度要求，结合本任务中的知识准备等内容，综合考虑多方面因素，完成全套图纸设计。

步骤四：制作PPT并进行汇报。

任务总结 及经验分享

请扫码答题（链接 7-4）。

链接 7-4

测试题

任务评价

班级：＿＿＿＿＿＿＿＿　　组别：＿＿＿＿＿＿＿＿　　姓名：＿＿＿＿＿＿＿＿

表 7-7　城市田园规划设计任务完成评价

项目	评价内容	评分标准	自我评价	小组评价	教师评价
知识技能（20分）	任务三理论学习成果	城市田园的意义（10分）；城市田园的发展方向（10分）			
任务进度（20分）	一周内完成所有工作环节	按时提交作业内容（5分）；步骤准确完整（5分）；图纸专业完善（10分）			
任务质量（40分）	设计方案和汇报内容符合任务三课程设置	各环节印证资料（10分）；设计分析内容完整清晰（10分）；图纸专业性（10分）；PPT排版、内容（10分）			
素养表现（10分）	通过设计底稿和思路汇报，分析所选实例中设计者设计语言	汇报思路清晰、语言表述清晰简练（5分）；分析内容准确（5分）			
思政表现（10分）	对项目七导语和思政目标的理解	对习近平生态文明思想、改善人居环境等思想政策的理解（10分）			
合计					
自我评价与总结					
教师点评					

项目八 居住区绿地规划设计

项目导读

　　居住区绿地在城市中分布广泛，在城市绿地中扮演着重要的角色，具有一定的生态效益、社会效益及文化效益，因此，做好居住区绿地规划设计对一个城市发展传承和居民生活质量的提升具有十分重要的意义。

　　本项目共包含4个任务，包括居住区小游园规划设计、居住区组团绿地规划设计、宅旁绿地规划设计和居住区道路绿地规划设计，任务围绕不同类型的居住区绿地规划设计实践，介绍了居住区的概念和分级、居住区的相关指标要求和居住绿地的概念及组成等，促使学生熟练掌握居住区绿地规划设计的一般方法，能够在实践中完成不同类型居住区绿地规划设计方案。

▌知识目标

　　了解居住区的概念和分级及相关指标要求；

　　了解居住区绿地规划设计原则并能够在设计中运用相应的原则；

　　掌握居住区绿地设计流程，理解居住区不同区域的专项设计原则；

　　分别掌握居住区小游园、居住区组团绿地、宅旁绿地和居住区道路绿地规划设计等不同类型居住区绿地规划设计的重点内容。

▌技能目标

　　通过本项目的学习，学生可以掌握居住区概念及相关设计标准和规范，掌握居住区规划设计的设计流程和设计方法，初步具备编制居住区规划设计方案的能力。

▌思政目标

　　引导学生关注居住区规划设计与人们生活的关系，强调规划设计的同时考虑使用者的需求，培养学生的社会责任感和环保意识。结合居住区规划设计案例，引导学生思考如何合理规划居住区景观，培养学生的创新思维和思辨能力。强调绿色环保、可持续发展理念，引导学生树立正确的价值观，培养学生的职业道德和社会责任感。鼓励学生关注当地社会经济发展和环境保护问题，培养学生的实践能力。

任务一　居住区小游园规划设计

 **任务导入**

以小组为单位自选一处周围绿化环境较好的居住区小游园，进行植物调研，完成居住区植物调查表，对该居住区绿地内的植物群落进行调查分析，并总结其规划设计中的亮点和特色，编制一份某居住区小游园植物调查和案例分析总结报告。

任务工单

班级 _____　姓名 _____　学号 _____

任务名称	居住区小游园规划设计
任务描述	任务内容：调研居住区小游园植物群落，完成案例分析报告。 任务目的：总结方案中的亮点特点，内化为自己的设计素材，并体现在自己的方案设计中。 任务流程：现场调研、资料收集、分析归纳总结、完成报告。 任务方法：现场调研法、归纳总结法、分析法。
获取信息	要完成任务，需要掌握相关的知识。请收集资料，回答以下问题： 1.什么是居住绿地，包括哪些类型？ 2.居住区公共绿地控制指标有哪些要求？ 3.居住绿地的规划设计原则有哪些？ 4.所选地区适合居住绿地的常见植物有哪些，其生长习性如何？ 5.居住区小游园的规划设计要点是什么？ 6.居住区中的小游园设置了哪些景观？

（续表）

任务名称	居住区小游园规划设计			
制订计划				
任务实施	按照预先制订的工作计划，完成本任务，并记录任务实施过程。			
	序号	完成的任务	遇到的问题	解决办法

任务准备

一、知识准备

（一）居住绿地的概念及组成

1. 居住绿地的概念

居住绿地是指居住用地范围内除社区公园以外的绿地，包括组团绿地、宅旁绿地、配套公建绿地、小区道路绿地等，还包括满足当地植物覆土要求、方便居民出入的地下或半地下建筑的屋顶绿地、车库顶板上的绿地。（参见《居住绿地设计标准》CJJ/T 294—2019）

2. 居住绿地的分类

（1）组团绿地。居住组团中集中设置的绿地。

（2）宅旁绿地。居住用地内紧邻住宅建筑周边的绿地。

（3）配套公建绿地。居住用地内的配套公建用地界限内所属的绿地。

（4）小区道路绿地。居住用地内道路用地（道路红线）界线以内的绿地。

（二）居住区公共绿地控制指标

新建各级生活圈居住区应配套规划建设公共绿地，并应集中设置有一定规模的、能进行休闲和体育活动的居住区公园，其人均公共绿地面积、规模及宽度应符合表 8-1 的规定。当旧区改建确实无法满足表 8-1 的规定时，可采取多点分布以及立体绿化等方式改善居住环境，但人均公共绿地面积不应低于相应控制指标的 70%。

表 8-1　不同类别居住区人均公共绿地面积、规模及宽度规定

类别	人均公共绿地面积 /（m²/ 人）	居住区公园		备注
		最小规模 /hm²	最小宽度 /m	
15 分钟生活圈居住区	2.0	5.0	80	不含 10 分钟生活圈及以下居住区的公共绿地指标
10 分钟生活圈居住区	1.0	1.0	50	不含 5 分钟生活圈及以下居住区的公共绿地指标
5 分钟生活圈居住区	1.0	0.4	30	不含居住街坊的绿地指标

注：居住区公园中应设置 10%～15% 的体育活动场地。

（三）居住绿地的规划设计原则

1. 整体性原则

居住绿地建成效果应整体美观协调，不仅需要考虑到行进中的立体空间感受，还应兼顾建筑俯视的观看效果，因而整体设计构图须简洁流畅；此外，由于居住绿地和居住建筑关联紧密，因此，处理好居住绿地和居住建筑的关系尤为重要，居住绿地内的园路、场地铺装、景观建筑、小品等须和居住建筑的整体风格相协调，避免出现反差感，从而降低整体美观度。

2. 舒适性原则

相比于其他城市绿地，居住绿地与人的关系更为紧密，因此，在居住绿地设计时，须时刻注意以人为本，从人的基本使用需求出发，从细处考量，为居民提供一个舒适、宜人、便捷的居住环境。

3. 安全性原则

居住绿地是居民每日都要到达或经过的绿地，其使用人群中有老人、小孩等弱势群体，因此安全性原则格外重要，在设计中应从细处考虑，避免出现安全隐患。

4. 生态性原则

居住绿地的设计应遵循生态性原则，合理进行植物群落组织搭配，实现调节居住区内小气候环境、净化空气、降声吸噪等绿地功能。同时，为保证生态效益最大化，应根据植物习性、功能差异，合理规划配置。此外，应合理利用土壤、砖石等资源，减少资源浪费，在照明设计时，采用节能高效的光源，降低能耗，形成低碳环保的景观空间。

5. 特色性原则

居住绿地设计应尊重当地历史文化，融合当地特色，因地制宜地进行设计，设计中应挖掘场地自身特色亮点，通过设计语言的演绎再现，结合景观构筑、景观小品、景观水体、植物景观等景观要素，形成具有人文内涵和文化气息的居住绿地景观，彰显场地个性，增强居民认同感和归属感。

（四）居住区小游园设计

1. 规划位置

小游园一般布置在整个小区的中心位置，方便居民使用，其服务半径一般以 300～500 m 为宜；在规模较小的小区中，小游园也可布置在小区一侧沿街或在道路的转弯处两侧沿街处。并且尽可能与小区公共活动、商业服务中心或文化体育设施等公建设施结合布置，集居民休闲、观赏、娱乐、社交于一体，形成一个完整的居民生活中心。

2. 规划形式

结合当地气候条件、文化背景等，综合考虑居住区设计构思立意、地形状况、面积大小、周围环境等因素，居住区小游园平面布置形式可采用规则式、自然式、混合式。

3. 规划内容

（1）入口处理。为方便附近居民，常结合园内功能分区和地形条件，在不同方向设置出、入口，注意避开交通复杂的地方。

（2）功能分区。分区的目的是让不同年龄、不同爱好、不同职业背景的居民能在小游园中各得其所、乐在其中，彼此的活动互不干扰且能够有序地进行。

（3）园路布局。园路布局宜主次分明、导向性明显，以利平面构图和组织游览；园路中双人行走园路宽为 1.2～1.5 m，单人行走的园路宽为 0.6～1.0 m。

（4）广场场地。小游园的小广场一般以游憩、观赏、集散为主，中心部位多设有花坛、雕塑、喷水池等景观小品，四周多设座椅、花架、柱廊等供人交流和休息。

二、材料准备

典型的居住区小游园设计优秀案例收集 2～3 个；《居住绿地设计标准》（CJJ/T 294—2019）、《园林绿化工程项目规范》（GB 55014—2021）、《城市居住区热环境设计标准》（JGJ 286—2013）、《城市居住区规划设计标准》（GB 50180—2018）、《无障碍设计规范》（GB 50763—2012）；本区域居住区绿地设计常用乔木表、灌木表、地被植物表。

三、工具准备

拍摄工具、电脑、绘画图纸、比例尺、画笔等。

四、人员准备

人员分组，每组 5 人，明确职责分工（表 8-2）。

表 8-2　任务分工

任务角色	任务内容
组长：	任务：
组员 1：	任务：
组员 2：	任务：
组员 3：	任务：
组员 4：	任务：

 任务实施

步骤一：上网查阅居住区小游园设计案例，对居住区相关标准规范、居住区植物造景等进行学习研究。

步骤二：选择身边的某一居住区，对其小游园进行现场调研、拍照并在图纸上进行现状标注，标注内容包含出入口、植物类型及数量、建筑、道路、景观小品等。

步骤三：完成居住区小游园植物调查表。

步骤四：整理照片，总结该居住区小游园设计内容，结合居民的行为分析总结该小游园的优缺点，完成居住区小游园设计分析报告，图文结合形式。

 任务总结及经验分享

 任务检测

请扫码答题（链接 8-1）。

链接 8-1

测试题

任务评价

班级：_____　　组别：_____　　姓名：_____

表 8-3　居住区小游园规划设计任务完成评价

项目	评价内容	评分标准	自我评价	小组评价	教师评价
知识技能（20分）	1. 是否掌握居住绿地的概念及组成； 2. 是否掌握居住区公共绿地控制指标；	1. 掌握（15～20分）； 2. 部分掌握（10～15分）； 3. 未掌握（0～10分）			

（续表）

项目	评价内容	评分标准	自我评价	小组评价	教师评价
知识技能（20分）	3. 是否掌握居住街坊绿地指标要求和原则； 4. 是否掌握居住区小游园设计相关内容				
任务进度（20分）	是否完成调查内容和设计分析报告	1. 按时完成（15～20分）； 2. 按时完成部分内容（10～15分）； 3. 未按时完成（0～10分）			
任务质量（20分）	调查内容、调查方法、调查资料整理及设计分析是否完整合理	1. 完整合理（15～20分）； 2. 较完整合理（10～15分）； 3. 不完整合理（0～10分）			
素养表现（20分）	1. 小组成员是否分工明确； 2. 小组成员是否按时完成工作任务； 3. 调研和分析过程中是否科学、严谨，严格按照国家的相关政策和规范进行设计	1. 分工明确且全部按时完成（15～20分）； 2. 分工较明确、部分按时完成（10～15分）； 3. 分工不明确且未按时完成（0～10分）			
思政表现（20分）	小组完成任务过程中是否做到实事求是、创新思维、突出重点与注重实效	1. 完全做到（15～20分）； 2. 部分做到（10～15分）； 3. 未做到（0～10分）			
合计					
自我评价与总结					
教师点评					

任务二　居住区组团绿地规划设计

任务 导入

以小组为单位自选学习一处居住区组团绿地规划设计案例，总结其设计中的亮点和特色，然后对其重新进行规划设计，汲取原设计优点，创新思路，完成新居住区组团绿地的设计，应用计算机辅助或手绘完成一套居住区组团绿地景观设计图纸，最终以图册的形式呈现，并辅以150～300字方案设计说明，制作PPT进行展示分享，对完成任务过程中的问题和经验进行总结。

📖 **任务工单**

班级 _____　　姓名 _____　　学号 _____

任务名称	居住区组团绿地规划设计
任务描述	任务内容：学习居住区组团绿地设计方法和内容，完成居住区组团绿地方案表述并展示。 任务目的：总结方案中的亮点特点，内化为自己的设计素材，并体现在自己的方案设计中。 任务流程：方案分析、设计分析归纳总结、完成方案图纸设计。 任务方法：案例分析法、归纳总结法、练习法。
获取信息	要完成任务，需要掌握相关的知识。请收集资料，回答以下问题： 1.居住绿地设计流程有哪些？ 2.居住区不同区域专项设计原则是什么？ 3.居住区组团绿地规划设计要点有哪些？
制订计划	

按照预先制订的工作计划，完成本任务，并记录任务实施过程。

任务实施	序号	完成的任务	遇到的问题	解决办法

📚 **任务准备**

一、知识准备

（一）居住绿地设计流程

1.前期资料收集

在进行居住绿地景观设计前，需要收集前期资料，如项目地形图、规划图、地方植物志或植物名录、当地气象水文土壤资料等。然后需要对现场进行走访调研，了解场地地形、土壤、植被、水系、日照、使用人群等信息，并拍照记录；同时，还需考察项目所在地周边景观，如调研考察当地同类型居住绿地，寻找对标案例；考察当地人文风俗，挖掘地域特色；了解当地骨干树种、基调树种、特色植物等。

2. 主题构思

在进行居住绿地规划设计构思时，需要从整体入手，从宏观到微观进行科学的全局分析，挖掘该绿地的内在和外在特征，提炼出主题特色，精准定位，进而进行居住绿地景观设计。

3. 规划布局

在居住区场地布局时，首先，应结合居民行为心理习惯，形成多样化的空间类型。其次，应注意活动场地数量的科学性。设计应结合居住人口数量进行活动空间数量的调整，一般来说，人口密度高的小区往往需要更多的公共空间。此外，应注意场地位置的合理性。考虑到住房商品化的特征，整体景观资源的分布应均衡共享，使每套住房都具有不错的景观体验。最后，应考虑空间布局的景观性。心理研究表明，当居住绿地景观单一、枯燥、乏味时，居民往往失去室外活动的兴趣，而美观的居住环境，是居民对环境产生认同感，归属感的前提，也能潜移默化更新人的素质。

4. 详细设计

（1）主入口区域

主入口区域设计时应重点打造，可通过树种、铺装、景墙、雕塑等元素，营造入口氛围，展示小区特色主题。植物景观上可以以树形较好、树冠饱满的乔木为主，点缀草坪、草花等地被植物，形成开敞、热闹且具有仪式感的空间。

（2）复合休闲区域

复合休闲区域设计应从功能入手，给居民不同类型、不同尺度、不同感受的空间。休闲区域可设置大、中、小不同尺度的空间，大尺度空间为开放型空间，可用于大型公共活动和日常集会，中尺度空间和小尺度空间分别为半私密空间和私密空间，丰富居民的选择。

（3）儿童活动场地

儿童活动场地设计需考虑不同阶段儿童的心理，通过地形的起伏变化、科学的色彩搭配、丰富的活动设施、安全的自然环境等，吸引儿童活动锻炼，使儿童亲近自然，增强身体素质，并激发创造力。在植物品种选择时，应避免有刺、有毒、有不良气味、易招病虫害的植物，避免对儿童产生危害。植物种植层次应丰富，形成完整的植物空间，通过植物和地形阻隔，减少儿童玩耍时对居民的噪声干扰。

（4）健身场地

健身场地的设计应从功能出发，场地尺寸应适合居民开展活动，铺装应平坦无障碍物，整体色彩应简约大方，避免引起运动不适。针对老年人活动设施，应有防滑等措施。同时，健身场地应搭配休憩、饮水等人性化设施。

（5）宅前绿地

宅前绿地一般紧贴建筑，且绿化腹地较窄，一般不布置场地，以绿化为主。在绿化种植时不应影响低层住户的采光、通风条件，较多打造复层群落景观，以小型花灌木和花卉地被植物为特色，形成可近距离观赏的小型景观空间。由于宅间绿地是居民入户最常经过的区域，在夜间行走时，人的嗅觉感官体验大于视觉感官体验，在植物设计时，可适当种植芳香植物进行入户引导。

（二）居住绿地专项设计原则

在进行居住绿地专项设计时，应满足《园林绿化工程项目规范》（GB 55014—2021）、《居住绿地设计标准》（CJJ/T 294—2019）、《城市居住区热环境设计标准》（JGJ 286—2013）、《城市居住区规划设计标准》（GB 50180—2018）、《无障碍设计规范》（GB 50763—2012）等相关规范要求，在满足规范要求的前提下，以人为本，兼顾人的使用需求和景观体验，形成安全、生态、美观的居住环境。

（三）居住区组团绿地规划设计要点

在居住区中一般6～8栋居民楼为一个组团，组团绿地是居民最近的公共绿地，为组团内的居民提供一个邻里交往、儿童游戏、老人聚集等良好的室外条件。组团绿地的特点是用地小、投资少，易于建设见效快，服务半径小，使用频率高。

1. 布置类型

（1）周边住宅之间

环境安静，封闭感强，大部分居民都可以从窗内看到绿地，但噪声对居民的影响较大。由于将楼与楼的庭院绿地集中组织在一起，所以建筑密度相同时，可以获得较大面积的绿地。

（2）行列式住宅山墙间

行列式布置的住宅，对居民干扰少，但空间缺少变化，容易产生单调感。适当拉开山墙距离，开辟为绿地，不仅为居民提供了一个有充足阳光的公共活动空间，而且从构图上打破了行列式山墙所形成的胡同的感觉，组团绿地的空间又与住宅间绿地相互渗透，产生较为丰富的空间变化。

（3）住宅组团的一角

常见地形不规则地段，利用不便于布置住宅的角隅空地安排绿化，不仅能起到充分利用土地的作用而且服务半径较大。

（4）结合公共建筑

组团绿地与专用绿地连成一片，相互渗透，增大绿化空间感。

（5）临街布置

位于临街或居住区主干道一侧，绿化与建筑相互映衬，丰富街道或居住区主干道景观，减少住宅建筑受街道交通影响，过往行人有休憩之地。

2. 布置方式

（1）开敞式。可供游人进入绿地内开展活动。

（2）半封闭式。绿地内除留出游步道、小广场、出入口外，其余均用花卉、绿篱、稠密树丛隔开，综合使用效果与管理两方面，半封闭式效果较好。

（3）封闭式。一般只供观赏，而不能入内活动。

3.布置内容

（1）绿化种植

此部分常在周边及场地间的分隔地带，其内可种植乔木、灌木和花卉，铺设草坪，还可设置花坛，亦可设棚架种植藤本植物、设置水池种植水生植物。植物配置要考虑造景及使用上的生态要求。

（2）安静休息

此区域一般也作老人闲谈、阅读、下棋、打牌及练拳等设施场地。该部分应该设在绿地中远离周围道路的地方，内可设桌、椅、坐凳及棚架、亭、廊等园林建筑作为休息设施，亦可设小型雕塑及布置大型盆景等供人静赏。

（3）游戏活动

此区域应设在远离住宅的地段，在组团绿地中可分别设幼儿和少年儿童活动场地，供少年儿童进行游戏性活动和体育性活动。其内可选设沙坑、滑梯、攀爬等游戏设施，还可设计乒乓球的球台等。

案例赏析

链接 8-2

案例赏析

二、材料准备

典型的居住区组团绿地设计优秀案例收集 2～3 个；《居住绿地设计标准》（CJJ/T 294—2019）、《园林绿化工程项目规范》（GB 55014—2021）、《城市居住区热环境设计标准》（JGJ 286—2013）、《城市居住区规划设计标准》（GB 50180—2018）、《无障碍设计规范》（GB 50763—2012）；本区域居住区绿地设计常用乔木表、灌木表、地被植物表。

三、工具准备

电脑、绘画图纸、比例尺、画笔等。

四、人员准备

人员分组，每组 5 人，明确职责分工（表 8-4）。

表 8-4 任务分工

任务角色	任务内容
组长：	任务：
组员 1：	任务：
组员 2：	任务：
组员 3：	任务：
组员 4：	任务：

 任务 实施

步骤一：上网查阅居住区组团绿地设计案例，对居住区相关标准规范、居住区植物造景等进行学习研究。

步骤二：选择身边的某一居住区，对其组团绿地进行现场调研、拍照并在图纸上进行现状标注，标注内容包含植物类型及数量、道路、景观小品等。

步骤三：整理照片，总结该组团绿地设计内容，分析该组团绿地的优缺点。

步骤四：对选定的组团绿地重新进行规划设计，完成设计初稿（包含概念推演图、平面图等）并讨论。

步骤五：制作展示 PPT，进行设计成果展示，展示内容包含现场勘察、现状分析、设计初稿、设计说明等。

 任务总结 及经验分享

 任务 检测

请扫码答题（链接 8-3）。

 任务 评价

链接 8-3

测试题

班级：_____ 组别：_____ 姓名：_____

表 8-5 居住区组团绿地规划设计任务完成评价

项目	评价内容	评分标准	自我评价	小组评价	教师评价
知识技能（20分）	1. 是否掌握居住绿地设计流程； 2. 是否掌握居住区组团绿地规划设计要点	1. 掌握（15～20 分）； 2. 部分掌握（10～15 分）； 3. 未掌握（0～10 分）			

（续表）

项目	评价内容	评分标准	自我评价	小组评价	教师评价
任务进度（20分）	1. 是否完成案例分析； 2. 是否按时完成改造方案设计	1. 按时完成案例分析和改造方案设计（15～20分）； 2. 按时完成部分案例分析和改造方案设计（10～15分）； 3. 未按时完成案例分析和改造方案设计（0～10分）			
任务质量（20分）	1. 改造设计方案是否创新； 2. 设计方案符合相关设计规范和标准	1. 创新且符合规范（15～20分）； 2. 较创新且符合规范（10～15分）； 3. 不创新且符合规范（0～10分）			
素养表现（20分）	1. 小组成员是否分工明确； 2. 小组成员是否按时完成工作任务	1. 分工明确且全部按时完成（15～20分）； 2. 分工较明确、部分按时完成（10～15分）； 3. 分工不明确且未按时完成（0～10分）			
思政表现（20分）	小组完成任务过程中是否做到实事求是、创新思维、突出重点与注重实效	1. 完全做到（15～20分）； 2. 部分做到（10～15分）； 3. 未做到（0～10分）			
合计					
自我评价与总结					
教师点评					

任务三　宅旁绿地规划设计

任务导入

以小组为单位对学校周边某居住区宅旁绿地进行现场调查并规划设计，应用计算机辅助或手绘完成一套园林景观设计图纸，最终以图册的形式呈现，并辅以150～300字方案设计说明，制作PPT进行展示分享。

📖 任务 工单

班级 _____ 姓名 _____ 学号 _____

任务名称	宅旁绿地规划设计
任务描述	任务内容：学习居住区宅旁绿地设计方法和内容，完成居住区宅旁绿地方案表述并展示。 任务目的：总结方案中的亮点特点，内化为自己的设计素材，并体现在自己的方案设计中。 任务流程：现场调研、方案分析、设计分析归纳总结、完成方案图纸设计。 任务方法：现场调研法、案例分析法、归纳总结法、练习法。
获取信息	要完成任务，需要掌握相关的知识。请收集资料，回答以下问题： 1.宅旁绿地的概念是什么？ 2.宅旁绿地的功能有哪些？ 3.宅旁绿地的规划设计要点是什么？ 4.适合于本地区宅旁绿地的植物有哪些？
制订计划	

任务实施	按照预先制订的工作计划，完成本任务，并记录任务实施过程。

序号	完成的任务	遇到的问题	解决办法

任务准备

一、知识准备

（一）宅旁绿地设计

宅旁绿地也叫宅间绿地，是居住区中最基本的绿地类型，指在行列式建筑前后两排住宅之间的绿地，其大小和宽度决定于楼间距，一般包括宅前、宅后以及建筑物本身的绿化。

1. 设计类型

（1）树林型

用高大乔木，多行成排地布置，可以改善小气候。大多为开放式，居民可在树荫下开展活动或休息。但缺乏灌木和花草搭配，比较单调，且容易影响室内通风采光。

（2）花园型

在宅间以绿篱或栏杆围出一定的范围，布置乔灌木、花卉、草地和其他园林设施，形式灵活多样，层次色彩比较丰富。

（3）草坪型

以草坪绿化为主，在草坪的边缘或某一处，种植一些乔木或花灌木、草花之类。多用于高级独院式住宅，也可用于多层行列式住宅。

（4）庭院型

用砖墙、预制花格墙、水泥栏杆、金属栏杆等在建筑周边围出一定的面积，形成首层庭院。

（5）植篱型

用常绿或观花、观果、带刺的植物组成绿篱、花篱、果篱、刺篱，围成院落或构成图案，或在其中种植花木、草皮。

2. 设计要点

（1）入口处理

连接通道的入口，使用频繁，可拓宽形成局部休憩空间，或者设花池、常绿树等重点点缀。

（2）场地设置

注意将绿地内部分游道拓宽成局部休憩空间，或布置游戏场地，便于居民活动，切忌内部拥挤封闭，使人无处停留，破坏绿地。

（3）小品点缀

宅旁绿地内小品主要以花坛、花池、树池、座椅、园灯为主，重点处设小型雕塑，小型亭、廊、花架等。所有小品均应体量适宜，经济、实用、美观。

（4）设施利用

宅旁绿地入口处及游览道应注意少设台阶，减少障碍。垃圾箱、自行车棚等设计也应讲究造型，并与整体环境景观协调。

（5）植物配置

一般在住宅南侧配置高大落叶乔木，在住宅北侧选择耐阴花灌木；若面积较大，可采用常绿乔灌木及花草配置，既能起分隔观赏作用，又能抵御冬季寒风的袭击；在住宅东西两侧，可栽植落叶大乔木或利用攀缘植物进行垂直绿化，有效防止夏季西晒、东晒，既降低室内气温，又美化装饰墙面。窗前绿化要综合考虑室内采光、通风、减少噪声、视线干扰等因素，一般在近窗种植低矮花灌木，在高层住宅的迎风面及风口应选择深根性树种。

（二）宅旁绿地设计要求

（1）宅旁绿地应满足居民通风、日照需要；

（2）宅旁绿地应因地制宜，采用乔木、灌木和草本植物组成的多样化植物群落布局；

（3）建议在入口和休息区域等重要区域增加高大的落叶乔木，以提升绿化效果；

（4）宅旁绿地中的小路靠近住宅时，小路两侧植物配置应避免对住宅采光造成影响；各住户门前可选择不同的树种和不同的配置方式，增强入户识别性。

参考来源：《居住绿地设计标准》（CJJ/T 294—2019）

二、材料准备

典型的宅旁绿地设计优秀案例收集 2～3 个；《居住绿地设计标准》（CJJ/T 294—2019）、《园林绿化工程项目规范》（GB 55014—2021）、《城市居住区热环境设计标准》（JGJ 286—2013）、《城市居住区规划设计标准》（GB 50180—2018）、《无障碍设计规范》（GB 50763—2012）；本区域居住区绿地设计常用乔木表、灌木表、地被植物表。

三、工具准备

场地测量仪器、电脑、绘画图纸、比例尺、画笔等。

四、人员准备

人员分组，每组 5 人，明确职责分工（表 8-6）。

表 8-6　任务分工

任务角色	任务内容
组长：	任务：
组员 1：	任务：
组员 2：	任务：
组员 3：	任务：
组员 4：	任务：

任务 实施

　　步骤一：上网查阅居住区宅旁绿地设计案例，对居住区相关标准规范、居住区植物造景等进行学习研究。

　　步骤二：对给定宅旁绿地进行规划设计，完成设计初稿（包含概念推演图、平面图等）。

　　步骤三：对设计初稿进行修改和深化设计，完成一套园林设计图纸，最终以图册的形式呈现，图册包含彩色平面图 1 张、鸟瞰效果图 1 张、植物配置图 1 张、局部效果图 2 张，设计说明至少 200 字，其余图纸可根据需要添加。

　　步骤四：制作展示 PPT，进行设计成果展示。

 任务总结 及经验分享

　　○

 **任务 检测**

🔍 链接 8-4

　　请扫码答题（链接 8-4）。

测试题

任务 评价

　　班级：_____　　　　组别：_____　　　　姓名：_____

表 8-7　宅旁绿地规划设计任务完成评价

项目	评价内容	评分标准	自我评价	小组评价	教师评价
知识技能（20分）	1. 是否掌握居住区宅旁绿地设计要求； 2. 是否掌握居住区宅旁绿地设计类型和设计要点	1. 掌握（15～20分）； 2. 部分掌握（10～15分）； 3. 未掌握（0～10分）			
任务进度（20分）	是否完成方案设计成果	1. 按时完成（15～20分）； 2. 按时完成部分内容（10～15分）； 3. 未按时完成（0～10分）			
任务质量（20分）	1. 设计方案是否创新； 2. 设计方案符合相关设计规范和标准	1. 创新且符合规范（15～20分）； 2. 较创新且符合规范（10～15分）； 3. 不创新且符合规范（0～10分）			

（续表）

项目	评价内容	评分标准	自我评价	小组评价	教师评价
素养表现（20分）	1. 小组成员是否分工明确； 2. 小组成员是否按时完成工作任务	1. 分工明确且全部按时完成（15～20分）； 2. 分工较明确、部分按时完成（10～15分）； 3. 分工不明确且未按时完成（0～10分）			
思政表现（20分）	小组完成任务过程中是否做到实事求是、创新思维、突出重点与注重实效。	1. 完全做到（15～20分）； 2. 部分做到（10～15分）； 3. 未做到（0～10分）			
合计					
自我评价与总结					
教师点评					

任务四　居住区道路绿地规划设计

任务导入

　　以小组为单位对学校附近的某一居住区道路绿地进行规划设计，应用计算机辅助或手绘完成一套园林景观设计图纸，最终以图册的形式呈现，并辅以150～300字方案设计说明，制作PPT进行展示分享。

任务工单

班级 ＿＿＿＿＿＿　　　姓名 ＿＿＿＿＿＿＿　　　学号 ＿＿＿＿＿＿＿＿

任务名称	居住区道路绿地规划设计
任务描述	任务内容：学习居住区道路绿地设计方法和内容，完成居住区道路绿地方案表述并展示。 任务目的：总结方案中的亮点特点，内化为自己的设计素材，并体现在自己的方案设计中。 任务流程：方案分析、设计分析、归纳总结、完成方案图纸设计。 任务方法：案例分析法、归纳总结法、练习法。

（续表）

任务名称	居住区道路绿地规划设计		
获取信息	要完成任务，需要掌握相关的知识。请收集资料，回答以下问题： 1.居住区道路绿地概念是什么？ 2.居住区道路绿地设计要点有哪些？		
制订计划			
任务实施	按照预先制订的工作计划，完成本任务，并记录任务实施过程。		
	序号	完成的任务	遇到的问题	解决办法

任务 准备

一、知识准备

（一）居住区道路绿地设计要求

（1）小区道路绿化设计应兼顾生态、防护、遮阴和景观功能，并应根据道路的等级进行绿化设计；

（2）小区主要道路可选用有地方特色的观赏植物品种进行集中布置，形成特殊路网绿化景观；

（3）小区次要道路绿化设计宜以提高行人舒适度为主；植物选择上可多选小乔木和开花灌木；配置方式宜多样化，与宅旁绿地和组团绿地融为一体；

（4）小区其他道路应保持绿地内的植物有连续与完整的绿化效果；

（5）小区道路的交叉口，视线范围内应采用通透式配置方式。

参考来源：《居住绿地设计标准》（CJJ/T 294—2019）

（二）居住区道路绿地规划设计

居住区内道路根据规模大小和功能要求可分为居住区道路、小区路、组团路、宅间小路。

（1）居住区道路：红线宽度不宜小于 20 m，是整个居住区内的主干道；

（2）小区路：宽 6～9 m，是联系居住小区各部分之间的道路；

（3）组团路：宽 3～5 m，是居民进出组团的主要道路；

（4）宅间小路：宽不宜小于 2.5 m，是通向各户或各个单元门前的小路。

设计中依据道路系统布局和分级，进行合理的景观布局，以植物造景为主。体现层次和季相景观。同时满足交通安全、交通引导，避免安全视距范围内的视线遮挡。

二、材料准备

典型的居住区道路绿地规划设计优秀案例收集 2～3 个；《居住绿地设计标准》（CJJ/T 294—2019）、《园林绿化工程项目规范》（GB 55014—2021）、《城市居住区热环境设计标准》（JGJ 286—2013）、《城市居住区规划设计标准》（GB 50180—2018）、《无障碍设计规范》（GB 50763—2012）；本区域居住区绿地设计常用乔木表、灌木表、地被植物表。

三、工具准备

场地测量仪器、电脑、绘画图纸、比例尺、画笔等。

四、人员准备

人员分组，每组 5 人。明确职责分工（表 8-8）。

表 8-8 任务分工

任务角色	任务内容
组长：	任务：
组员 1：	任务：
组员 2：	任务：
组员 3：	任务：
组员 4：	任务：

 任务 实施

步骤一：上网查阅居住区道路绿地设计案例，对居住区相关标准规范、居住区植物造景等进行学习研究。

步骤二：对给定道路绿地进行规划设计，完成设计初稿（包含概念推演图、平面图等）。

步骤三：对设计初稿进行修改和深化设计，完成一套园林设计图纸，最终以图册的形式呈现，图册包含彩色平面图 1 张、鸟瞰效果图 1 张、植物配置图 1 张、局部效果图 2 张，设计说明至少 200 字，其余图纸可根据需要添加。

步骤四：制作 PPT，进行设计成果展示。

 任务总结及经验分享

任务检测

请扫码答题（链接 8-5）。

链接 8-5

测试题

任务评价

班级：_____ 组别：_____ 姓名：_____

表 8-9　工作任务完成过程评价

项目	评价内容	评分标准	自我评价	小组评价	教师评价
知识技能（20 分）	1. 是否掌握居住区道路绿地设计要求； 2. 是否掌握居住区道路绿地分类和设计要点	1. 掌握（15～20 分）； 2. 部分掌握（10～15 分）； 3. 未掌握（0～10 分）			
任务进度（20 分）	是否完成方案设计成果	1. 按时完成（15～20 分）； 2. 按时完成部分内容（10～15 分）； 3. 未按时完成（0～10 分）			
任务质量（20 分）	1. 设计方案是否创新； 2. 设计方案符合相关设计规范和标准	1. 创新且符合规范（15～20 分）； 2. 较创新且符合规范（10～15 分）； 3. 不创新且符合规范（0～10 分）			
素养表现（20 分）	1. 小组成员是否分工明确； 2. 小组成员是否按时完成工作任务	1. 分工明确且全部按时完成（15～20 分）； 2. 分工较明确、部分按时完成（10～15 分）； 3. 分工不明确且未按时完成（0～10 分）			

（续表）

项目	评价内容	评分标准	自我评价	小组评价	教师评价
思政表现（20分）	小组完成任务过程中是否做到实事求是、创新思维、突出重点与注重实效	1. 完全做到（15～20分）； 2. 部分做到（10～15分）； 3. 未做到（0～10分）			
合计					
自我评价与总结					
教师点评					

项目九 公园绿地规划设计

💡 **项目导读**

　　公园绿地是指"向公众开放、以游憩为主要功能，兼具生态、景观、文教和应急避险等功能，有一定游憩和服务设施的绿地"[《城市绿地分类标准》（CJJ/T 85—2017）]，是城市市政公用设施和城市绿地系统的重要构建部分，如何做出好的公园绿地规划设计是值得思考的问题。本项目共设置了4个任务，分别是综合公园规划设计、社区公园规划设计、专类公园规划设计和游园规划设计，旨在帮助学生了解并掌握不同类型公园绿地的概念、规划设计的侧重点及方法步骤等。

▌知识目标

　　要求学生掌握公园绿地规划设计的相关理论知识并能够在规划设计实践中进行应用。第一，分别掌握综合公园、社区公园、专类公园、游园的规划设计知识技能和重点；第二，掌握公园绿地规划设计原则、公园绿地的功能作用、公园绿地规划设计程序等；第三，了解公园绿地的发展简史及发展趋势；第四，能够从服务管理的角度倒推公园绿地规划设计时的注意事项。

▌技能目标

　　有针对性地查阅公园绿地规划设计相关标准，掌握不同类型公园绿地各部分设计侧重点，能够统筹思考，独立完成设计构想阐述及总平面图展示等，能够提出自己的设计理念和不同见解，能够对现实生活中的公园所属类型有正确判断，并鉴往知来对公园绿地的发展以及其在城市建设中发挥的人文作用、生态价值、衍生意义等均有所思考。

▌思政目标

　　通过对公园绿地设计理论及方法的学习，能够正确理解学习科学思想和生态理论，在夯实自身专业基础的同时，能够有意识地锻炼提升团队协作能力，筑牢职业信念。培养公园绿地规划设计综合理解能力，在实际设计中能够产生发散思维、创新理念。能够理解并认同公园绿地建设的意义。通过对公园绿地发展简史部分的学习，激发学生的爱国情怀，明白公园绿地的发展也是一代代先辈追求自由平等，发扬斗争精神的明证。

任务一　综合公园规划设计

任务导入

以小组为单位自选分析一处综合公园的规划设计案例，发掘其设计中的亮点和特色，然后对其重新进行规划设计，汲取原设计优点，产生创新思路，完成新综合公园的设计，应用计算机辅助或手绘完成一套综合公园景观设计图纸，最终以图册（彩色总平面图1张，植物配置图1张，功能分区图1张，局部效果图2张）的形式呈现，并辅以150～300字方案设计说明，制作PPT进行展示分享，对完成任务过程中的问题和经验进行总结。

任务工单

班级 _____　　姓名 _____　　学号 _____

任务名称	综合公园规划设计
任务描述	任务内容：完成理论知识学习后，以小组为单位选定1处典型的综合公园规划设计优秀案例，完成案例分析及重新规划设计，制作PPT展示。 任务目的：强化自我梳理、自我总结的能力，能够独立发掘原设计中的优点；提升小组协作能力，交流互鉴统一思路，按照分工，配合完成重新规划及成果展示。 任务流程：1.学习基础知识，掌握具体内容；2.查阅相关标准，提升理论构架；3.筛选目标案例，完成案例分析；4.结合案例地域，熟悉植物选择；5.积极交流创意，完成新版规划；6.对照任务分工，进行成果展示。 任务方法：观察法、对比法、分析法等。
获取信息	要完成任务，需要掌握相关的知识。请收集资料，回答以下问题： 1.综合公园的概念是什么？ 2.综合公园规划设计主要包含哪些方面？ 3.综合公园的用地比例是多少？ 4.综合公园内应具体设置哪些设施？ 5.综合公园一般包含哪几个功能分区？思考全园植物选择及分区配植应分别注意什么？

（续表）

任务名称	综合公园规划设计		
制订计划			
任务实施	按照预先制订的工作计划，完成本任务，并记录任务实施过程。		
	序号	完成的任务	遇到的问题	解决办法

任务准备

一、知识准备

（一）综合公园的概念

综合公园是最具代表性的公园绿地，集多功能、多设施、多内容于一体，能够满足不同人群的多种游园需求。即"内容丰富，适合开展各类户外活动，具有完善的游憩和配套管理服务设施的绿地"[《城市绿地分类标准》（CJJT 85—2017）]。

（二）综合公园规划设计理论

综合公园作为公园绿地中的典型代表，各项设计最基础的内容须符合《公园设计规范》（GB 51192—2016）（链接 9-1）。

1. 综合公园的规模、容量、设施分析

（1）规模分析

综合公园面积一般宜大于 10 hm²，其用地范围须符合规划，用地规模须考量相关用地比例，应以公园陆地面积为基数进行测算（链接 9-2）。

（2）容量分析

公园绿地的游人容量是作为计算各种设施规模、数量以及进行公园管理的依据，测算游客量阈值，控制园内出入人数保持动态平衡，避免公园因超容量接纳游人，造成人身伤亡和园林设施损坏等事故。

《公园设计规范》（GB 51192—2016）中明确公园游人容量应按下式计算：

链接 9-1

《公园设计规范》
（GB 51192—2016）

链接 9-2

综合公园用地比例

$$C=\left(A_1/A_{m1}\right)+C_1$$

式中：

C——公园游人容量 / 人；

A_1——公园陆地面积 /m²；

A_{m1}——人均占有公园陆地面积 /（m²/ 人）；

C_1——公园开展水上活动的水域游人容量 / 人。

其中，综合公园人均占有陆地面积指标为 30～60 m²/ 人，公园绿地内有开展游憩活动的水域时，水域游人容量宜为 150～250 m²/ 人。

（3）设施分析

公园绿地设施总体可分为游憩设施、服务设施、管理设施，包括但不限于公共厕所、休息座椅、垃圾箱、地面停车场、消防设施、标识系统等，且根据公园绿地定位、规模、内容等按相关规定具体设置，综合公园的设施内容概括见链接 9-3。

链接 9-3

综合公园设施项目设置

2. 综合公园的功能分区设计

综合公园依据公园面积规模、周围综合环境、现状自然条件、主要功能、活动内容与设施等情况进行功能分区设计。

综合公园的功能区一般含有科普文娱区、体育活动区、儿童活动区、游览休息区、公园管理区 5 大类，实际设计时可按需调整设置，并不绝对照抄照搬。

（1）科普文娱区

本区的主要功能是开展科学文化教育和娱乐休闲，具有活动场所多类、活动形式多样、往来客流多量等特点，可以说是全园的中心。本区应设在靠近主要出入口的地方，一般应保障人均 30 m² 的活动面积。

（2）体育活动区

本区是面向广大市民游客提供开展各项体育活动而设立的专项运动场地。具有游人数量多、集散时间短、交互更新度快、对其他项目干扰大等特点。其布局应尽量靠近城市主干道，可考虑设置对应的出入口。水域开阔时可规划设置游船项目，码头应设在便于游船停靠及游人集散的区域，如设户外游泳项目，应严格划分游泳区域和游船活动区域。

（3）儿童活动区

本区是为促进儿童的身心健康而设立的，多布置在公园出入口附近或景色开朗的区域，具有占地面积小、设施复杂且须符合儿童心理和活动等特点，不同年龄段划分不同的活动区域。

（4）游览休息区

本区主要功能是供人们游览、休息、赏景。具有占地面积大、游人密度小的特点。本区可以集中设置，也可以在园中广泛分布，宜设置在距出入口较远，地势起伏、临水观景、视野开阔、花木葱茏之处，对内应与体育活动区、儿童活动区分隔开，对外应避免与闹市区相接，满足幽静的基础条件。

（5）公园管理区

本区的主要功能是综合管理公园各项工作任务。多设置在与专用出入口相近且内外交流联系方便的区域。周围可选用绿色植物与各区分隔，主要设施一般为办公室、工具房、温室、食堂、公用停车场、花圃、苗圃等，所列设施不一定均集中在一处或全部设置，可结合公园立地条件分开设置，也可根据公园需要合理选择设置。

3. 综合公园的出入口设计

设置主要出入口（大门）、次要出入口或专用出入口（侧门），优先考虑将公园边界线与城市道路红线重合，存在一定间隔无法重合时，必须设通道使主要出入口与城市道路衔接，解决主要出入口的交通问题。

在做好公园容量分析的基础上，将出入口的设计与城市交通和游人走向、流量相适配，并按照《无障碍设计规范》（GB 50763—2012），规范出入口、园路、广场、公厕等的衔接。

其中大门建筑要具备集中、多用途的作用，造型风格应与公园整体统一，封闭管理的免费开放公园，其大门建筑应包含门卫室、游客服务中心、门牌等，售票经营的非免费开放公园在此基础上须增设售票室、检票口等。

出入口内外广场须发挥游人集散作用，公园游人出入口中单个出入口的宽度不应小于1.8 m，举行大规模活动的公园应于出入口处另设紧急疏散通道。

链接9-4

《无障碍设计规范》（GB 50763—2012）

4. 综合公园的园路规划

园路的路网密度宜为150～380 m/hm²，联系着不同的功能分区、建筑、景点、活动设施，其主要分为主路、次路、支路、小路四级，并可设专用通道。

园路整体应通达流畅，能够达到步移景异的视觉效果。通行机动车的主路，其最小平面曲线半径应大于12 m；主路不应设台阶；纵坡、横坡坡度不应同时为零。

园路的坡度及台阶梯道设置见（链接9-5）。

链接9-5

园路坡度设置，园路台阶梯道设置

5. 综合公园的广场规划

广场是公园绿地中铺装面积占比较大的场地，通常根据集散、观景、休憩、园务等活动内容分为以下几种，也是遵循按需设置原则，不一定全部设置。

集散广场：可分布在出入口前后，大型建筑物和主干道交叉口处。休息广场：多分布在僻静处，设置在游览休息区，与地形、休息设施、道路相结合，搭配植物组景。生产广场：作为园务的晒场、堆场，排水坡度应大于1%。

6. 综合公园的建筑小品设计

综合公园内的建筑物的主要功能是开展室内文化娱乐活动、创造景观、防风避雨等。并应按要求设置园内建筑物与穿越公园架空电力线路的安全距离。管理和附属服务建筑设施在体量上要小，要注意隐蔽，同时方便使用。

7. 综合公园的植物景观规划设计

公园植物配置以满足功能需求、追求形式美学为原则，要重点考虑园内植物配植及苗木控制。植物配置应充分利用植物的层次、形态、颜色、林缘线和林冠线等造景，对各种植物类型和种植比例做出适当的安排，如密林占 40%～45%，疏林占 25%～30%，草地占 20%～25%，花卉占 3%～5% 等。植物种植设计及种植土壤应符合相关规范要求，游人正常活动范围内不应选用有毒或带刺等存在安全隐患的植物。连续植被面积大于 100 hm²，应做防火安全设计。

二、材料准备

典型的综合公园规划设计优秀案例收集 2～3 个；《城市绿地分类标准》（CJJT 85—2017）、《公园设计规范》（GB 51192—2016）、《无障碍设计规范》（GB 50763—2012）；适合所选综合公园所在地域的常用乔木、灌木、地被植物表。

三、工具准备

电脑、绘画图纸、比例尺、画笔等。

四、人员准备

人员分组，每组 5 人，明确职责分工（表 9-1）。

表 9-1 任务分工

任务角色	任务内容
组长：	任务：
组员 1：	任务：
组员 2：	任务：
组员 3：	任务：
组员 4：	任务：

 任务实施

步骤一：按小组自行搜索学习一处综合公园的规划设计案例，并对照本节知识准备部分，对该综合公园设计表达中的优缺点进行分析。

步骤二：认真查阅该案例所在地的地域特征及植物选择等，筛选出能够合理应用的植物品种，列出植物清单。

步骤三：在抛开已建成的基础上，利用该案例的用地情况，积极交流创意，敲定新的设计主题，并对照相关标准合理勾画布局。

步骤四：按照任务分工，应用计算机辅助或手绘完成一套新的综合公园景观设计图纸（彩色总平面图 1 张，植物配置图 1 张，功能分区图 1 张，局部效果图 2

张），并辅以 150～300 字方案设计说明。

步骤五：制作 PPT 进行展示（可将步骤一的内容进行融合，例如，原有优点有哪些，进行了如何保留或借鉴；原有缺点有哪些，进行了如何去除或优化等），并对完成任务过程中的问题和经验进行总结及分享。

请扫码答题（链接9-6）。

班级：_____　　组别：_____　　姓名：_____

表 9-2　综合公园规划设计任务完成评价

项目	评价内容	评分标准	自我评价	小组评价	教师评价
知识技能（50分）	综合公园的规划设计	了解综合公园概念及其主要特点（5分）			
		掌握综合公园规划设计主要内容（15分）			
		掌握功能分区相关特点（10分）			
		掌握综合公园用地比例及具体设施（10分）			
		掌握全园植物选择及分区配植特点（10分）			
任务进度（10分）	在规定的时间内完成综合公园规划任务	全部完成（10分）；完成80%（8分）；完成50%（5分）；完成50%以下不得分			
任务质量（15分）	设计图与设计说明适配，符合相关标准，优缺点总结到位	图纸数量达到要求（5分）；图文适配，分析合理，效果良好（10分）			

（续表）

项目	评价内容	评分标准	自我评价	小组评价	教师评价
素养表现（10分）	设计方案完整，设计合理且有创新，图纸及PPT展示清晰	图纸表达合理且有创意，效果良好（5分）；PPT展示清晰（5分）			
思政表现（15分）	与小组成员讲求团队合作精神，态度严谨，注重时效，善于总结分析并分享交流	具有团队协作精神（5分）；具备科学严谨的态度（5分）；善于总结分析并分享交流（5分）			
合计					
自我评价与总结					
教师点评					

任务二　社区公园规划设计

任务 导入

以小组为单位自行搜索分析一处社区公园的规划设计案例，总结其设计中的亮点和特色，然后对其重新进行规划设计，汲取原设计优点，创新思路，完成新社区公园的设计，应用计算机辅助或手绘完成一套社区公园景观设计图纸，最终以图册（彩色总平面图1张，植物配置图1张，功能分区图1张，局部效果图2张）的形式呈现，并辅以150～300字方案设计说明，制作PPT进行展示分享，对完成社区公园规划设计任务过程中的问题和经验进行总结。

任务 工单

班级 ＿＿＿＿＿＿＿＿＿　　姓名 ＿＿＿＿＿＿＿＿＿　　学号 ＿＿＿＿＿＿＿＿＿

任务名称	社区公园规划设计
任务描述	任务内容：完成理论知识学习后，以小组为单位选定1处典型的社区公园规划设计优秀案例，完成案例分析及重新规划设计，制作PPT展示。 任务目的：强化自我梳理、自我总结的能力，能够独立发掘原设计中的优点；提升小组协作能力，交流互鉴统一思路，按照分工，配合完成重新规划及成果展示。 任务流程：1.学习基础知识，掌握具体内容；2.查阅相关标准，提升理论构架；3.筛选目标案例，完成案例分析；4.结合案例地域，熟悉植物选择；5.积极交流创意，完成新版规划；6.对照任务分工，进行成果展示。 任务方法：观察法、对比法、分析法等。

（续表）

任务名称	社区公园规划设计
获取信息	要完成任务，需要掌握相关的知识。请收集资料，回答以下问题： 1.什么是社区公园？ 2.社区公园及其他公园绿地的规划设计原则是什么？ 3.社区公园的规划要点是什么？ 4.社区公园主要的功能分区为哪些？ 5.社区公园及其他公园绿地的作用有哪些？
制订计划	
任务实施	按照预先制订的工作计划，完成本任务，并记录任务实施过程。 表格：序号 | 完成的任务 | 遇到的问题 | 解决办法

任务实施表格：

序号	完成的任务	遇到的问题	解决办法

任务 准备

一、知识准备

（一）社区公园的概念

社区公园是指为一定居住用地范围内的居民服务，具有一定活动内容和设施的集中绿地。它不包括居住组团绿地，而是独立的用地，具备基本的游憩和服务设施，主要为一定社区范围内的居民就近开展日常休闲活动服务。即"用地独立，具有基本的游憩和服务设施，主要为一定社区范围内居民就近开展日常休闲活动服务的绿地"[《城市绿地分类标准》（CJJ/T 85—2017）]。

社区公园的规模宜在 1 hm² 以上，其人均占有陆地面积指标为 20～30 m²/人。与其他公园绿地相比，社区公园游人成分相对单一，主要是本居住区的居民，尤其以老年人和儿童为主。

（二）社区公园规划设计理论

本部分包括 5 个方面，社区公园及其他公园绿地规划设计原则、社区公园规划设计侧重点、社区公园规划设计主要内容，社区公园及其他公园绿地的基本功能、社区公园及其他公园绿地规划设计步骤。

1. 社区公园及其他公园绿地的规划设计原则

社区公园具备公共属性，其建设、维护和改造必须强调以服务居民的理念来进行。

（1）整体性原则

①统筹规划，清晰定位。以城乡总体规划、绿地系统规划等上位规划为依据，明确公园绿地项目设计的定位及建设理念，制定适宜的规划及目标，统筹项目主体功能特点，统一整体设计风格。

②串联节点，突出主题。倡导文化建园，公园绿地项目设计布局节点应具有一定的文化内涵和象征意义，各节点之间既有不同又紧密联系，能够引人思索，而串联各处节点则能呼应项目定位，彰显特色，陶冶情操，突出主题。

（2）地方性原则

①尊重文化，协调融合。尊重地域民俗风情，在公园绿地规划中按需考量，节点设计应兼具与地域审美习惯的协调融合，合理融入本土民族特色，在社区公园设计中实现传承、创新等表达的复合叠加目的。

②因地制宜，保护应用。公园绿地规划设计应顺应基址的自然条件和地理景观特征，合理选择应用当地的建筑材料、能源和建造技术等，注重对本地原生态资源的挖掘、保护和利用。

（3）生态可持续原则

①合理布局，发挥功能。公园绿地的规划设计应合理考量植物应用、生态安全和资源保护等元素，满足功能需求，合理分区，使景观空间和服务设施有机相融，实现自然元素和自然过程有机统一。

②长远谋划，便于管理。正确处理短期建设和长期发展的关系，给植物提供足够的生长空间和时间，不过度密植，注重社区公园规划项目的生态效益、社会效益、经济效益等，便于分期实施和日常管理维护。

2. 社区公园规划设计侧重点

在满足公园绿地规划设计原则的基础上，社区公园须着重考虑原址的现状处理及其规划要点。

（1）原址的现状处理

社区公园设计前应着重考虑原址的现状处理（其他公园同理），现状处理一般分为以下 3 种形式：

①保留类。现状内具备一定价值的风景资源、人文资源、植物资源等，应保留并融入社区公园绿地景观设计中；保留自然岩壁、陡峭边坡并设置节点的，应对岩壁、边坡做地质灾害评估，并根据评估结果，做好安全防护和避让措施。

②禁止类。现状内古树名木严禁砍伐或移植，并应加以保护；设计不应填埋或侵占原有湿地、自然水系及人工排水通道等。

③研判类。全面考察项目基址现状，包括地形、水体、植物、建筑物、构筑物、地上地下管线设施及其他基础设施等，作出评价，提出合理的处理意见，如须保留，应提出对原有物的保护措施和施工要求。

（2）规划要点

除遵循社区公园设计的一般规定外，社区公园还应着重考虑以下3点。

①便利性。应在位置选择、整体规划、功能布局、景观设计、园路走向、设施设置等方面充分考虑周边居民的使用是否方便快捷，强化适老化、适儿化的特性。

②安全性。应以平坦地形为主，在细节处理时注重安全性体现，且出入口应尽量避开车流量较大的路段、街口等区域，并设计合理视域，消除安全隐患，保障游人出入安全。

③独特性。尊重地域民俗、民情，深入挖掘社区文化，在社区公园设计时，形成集地域特色、社区文化、时代风貌于一体的别具一格的公园绿地特征。

3. 社区公园规划设计主要内容

从社区居民的生活需求实际出发，将舒适和谐放在规划设计的首位。在实地勘察及后续编制方案等环节，走访或邀请周边居民参与，听取意见建议，便于更准确地掌握受众需求。

（1）功能分区

要充分发挥社区公园与周边环境的融合性，因其与居民的贴近性特征，故对功能性的表达和强调要比景观性更为侧重一些。

①老人活动区。主要针对社区中退休赋闲的老人群体，设计时以健康、舒适、慢节奏为主，融合符合老年人生活习惯的功能考量，设置便利、安静、安全的社交及活动空间。

②儿童活动区。社区公园应设置一些适合儿童玩耍的场地及设施，满足通风、透光、安全的要求，活动空间和视域范围要相对开阔，便于家长进行看护，同时注意规避小朋友嬉笑打闹对周围其他区域及周边环境产生的嘈杂影响。

③运动休闲区。除老年人和儿童两大类特殊群体外，青年、中年群体日常学习压力与工作压力大，缺乏有效的身体锻炼，在社区公园设置一些便民健身步道等运动设施可以有效帮助周边居民通过运动释放压力。

（2）出入口及园路

社区公园出入口设置须充分考虑社区现状、功能分区、居民集散习惯等的特点。且因社区公园体量较小，园路服务人群相对固定，游人流量相对稳定，园路设计不宜过宽，一般设置三级道路即可。

园路布局要主次分明，无障碍通道、无障碍设施的设置在社区公园设计中是应当重视的一个环节。

（3）其他

社区公园内建筑物及园林小品等构筑物的设置，应与社区周边环境风格相协调，选择可提供林荫的乔木和观赏性强的多花灌木，完善相关基础设施，且便于日常养护管理。

4. 社区公园及其他公园绿地的基本功能

（1）生态保护功能。因公园绿地绿化面积大的优势及特征，在防尘、防风、防噪声、降温、降低辐射、净化空气、改善小气候、防止水土流失、缓解城市热岛效应等方面都具有良好的生态保护功能。

（2）环境美化功能。公园绿地是城市中最具有自然特征的场所，突出季相变换、步移景异的美学效果，使其更好地在城市中发挥"绿肺""氧吧"等净化美化环境的作用。

（3）游憩娱乐功能。公园绿地为城市居民提供散步、健身、静思、娱乐、赏景等活动场地，向公众提供接近自然、回归自然的生态享受服务功能。

（4）防灾避险功能。公园绿地由于具有大片公共开放空间，可以作为地震发生时的避难地、火灾发生时的隔火带、救火物资的集散地以及灾民的临时住宿场所等，在城市的防火、防灾、避难等方面具有很大保护功能。

（5）文教宣传功能。设立融合公园风格突出社会主义精神文明建设的景观节点，逐步形成一种独特的大众文化，强化公园绿地在新时代社会主义精神文明建设中的独特作用。

链接 9-7

公园绿地规划设计步骤简述

5. 社区公园及其他公园绿地规划设计步骤

以社区公园为例，公园绿地规划设计一般可分为调查研究、编制设计任务书、总体规划、初步设计、施工图设计 5 个阶段，详见链接 9-7。

二、材料准备

典型的社区公园规划设计优秀案例收集 2～3 个；《城市绿地分类标准》（CJJT 85—2017）、《公园设计规范》（GB 51192—2016）；适合本社区公园所在地域种植的常用乔木、灌木、地被植物表。

三、工具准备

电脑、绘画图纸、比例尺、画笔等。

四、人员准备

人员分组，每组 5 人，明确职责分工（表 9-3）。

表 9-3　任务分工

任务角色	任务内容
组长：	任务：
组员 1：	任务：
组员 2：	任务：
组员 3：	任务：
组员 4：	任务：

任务 实施

步骤一：按小组自行搜索学习一处社区公园的规划设计案例，并对照本节知识准备部分，重点结合功能发挥的角度，对该社区公园设计表达中的优缺点进行分析。

步骤二：认真查阅该案例所在地的地域特征及植物选择等，筛选出能够合理应用的植物品种，列出植物清单。

步骤三：在抛开已建成部分的基础上，利用该案例的用地情况，积极交流创意，敲定新的设计主题，并对照相关标准合理勾画布局。

步骤四：按照任务分工，应用计算机辅助或手绘完成一套新的社区公园景观设计图纸（彩色总平面图 1 张，植物配置图 1 张，功能分区图 1 张，局部效果图 2 张），并辅以 150～300 字方案设计说明。

步骤五：制作 PPT 进行展示（可将步骤一的内容进行融合，例如，原有优点有哪些，进行了如何保留或借鉴；原有缺点有哪些，进行了如何去除或优化等），并对完成任务过程中的问题和经验进行总结及分享。

任务总结 及经验分享

_____

_____

_____ 。

任务 检测

请扫码答题（链接 9-8）。

链接 9-8

测试题

任务评价

班级：_____ 组别：_____ 姓名：_____

表 9-4 社区公园规划设计任务完成评价

项目	评价内容	评分标准	自我评价	小组评价	教师评价
知识技能（50分）	社区公园规划设计	了解社区公园概念及其主要特点（5分）			
		掌握社区公园及其他公园绿地的规划设计原则（15分）			
		社区公园及其他公园绿地规划设计前的现状处理方式（10分）			
		社区公园规划要点及主要内容（10分）			
		社区公园及其他公园绿地的基本功能（10分）			
任务进度（10分）	在规定的时间内完成社区公园规划任务	全部完成（10分）；完成80%（8分）；完成50%（5分）；完成50%以下不得分			
任务质量（15分）	设计图与设计说明适配，符合相关标准，优缺点总结到位	图纸数量达到要求（5分）；图文适配，分析合理，效果良好（10分）			
素养表现（10分）	设计方案完整，设计合理且有创新，图纸及PPT展示清晰	图纸表达合理且有创意，效果良好（5分）；PPT展示清晰（5分）			
思政表现（15分）	与小组成员讲求团队合作精神，态度严谨，注重时效，善于总结分析并分享交流	具有团队协作精神（5分）；具备科学严谨的态度（5分）；善于总结分析并分享交流（5分）			
合计					
自我评价与总结					
教师点评					

任务三　专类公园规划设计

任务导入

以小组为单位自选学习一处专类公园的规划设计案例，总结其设计中的亮点和特色，然后对其重新进行规划设计，汲取原设计优点，创新思路，完成新专类公园的设计，应用计算机辅助或手绘完成一套专类公园景观设计图纸，最终以图册（彩色总平面图 1 张，植物配置图 1 张，功能分区图 1 张，局部效果图 2 张）的形式呈现，并辅以 150～300 字方案设计说明，制作 PPT 进行展示分享，对完成任务过程中的问题和经验进行总结。

任务工单

班级 _____　　姓名 _____　　学号 _____

任务名称	专类公园规划设计
任务描述	任务内容：完成理论知识学习后，以小组为单位选定 1 处典型的专类公园规划设计优秀案例，完成案例分析及重新规划设计，制作 PPT 展示。 任务目的：强化自我梳理、自我总结的能力，能够独立发掘原设计中的优点；提升小组协作能力，交流互鉴统一思路，按照分工，配合完成重新规划及成果展示。 任务流程：1.学习基础知识，掌握具体内容；2.查阅相关标准，提升理论构架；3.筛选目标案例，完成案例分析；4.结合案例地域，熟悉植物选择；5.积极交流创意，完成新版规划；6.对照任务分工，进行成果展示。 任务方法：观察法、对比法、分析法等。
获取信息	要完成任务，需要掌握相关的知识。请收集资料，回答以下问题： 1.什么是专类公园？ 常见的专类公园有哪些？ 2.植物园的规划设计重点是什么？ 3.动物园的规划设计重点是什么？ 4.历史名园及遗址公园的规划设计重点是什么？ 5.主题公园的规划设计重点是什么？ 6.儿童公园的规划设计重点是什么？

（续表）

任务名称	专类公园规划设计		
制订计划			
任务实施	按照预先制订的工作计划，完成本任务，并记录任务实施过程。		
	序号	完成的任务	遇到的问题	解决办法

任务准备

一、知识准备

（一）专类公园概念

专类公园是指以特色主题为核心内容或具有突出的历史文化价值，具有相应的游憩和服务设施，侧重满足特色主题塑造和特定服务内容，兼具其他功能的公园。特点是："具有特定内容或形式，有相应的游憩和服务设施的绿地。"

> **特别提示：**
> 此概念来自《城市绿地分类标准》（CJJ/T 85—2017），常见的专类公园包括植物园、动物园、历史名园、遗址公园、游乐公园及其他具有特定主题的公园，如儿童公园、体育公园、滨水公园等。需要注意的是专类公园人均占有陆地面积指标为 20～30 m²/人，本节选择几种代表性的专类公园进行解读。

（二）植物园概念及规划设计重点

1. 植物园概念

植物园主要是用于调查、采集、鉴定、引种、驯化、保存和推广利用植物的科研单位，进行科学研究，普及植物科学知识，并提供给公众游憩的场所，特点是："进行植物科学研究、引种驯化、植物保护，并提供观赏、游憩及科普等活动，具有良好设施和解说标识系统的绿地"［《城市绿地分类标准》CJJ/T 85—

链接 9-9

《植物园设计标准》（CJJ/T 300—2019）

2017]，植物园的具体设计可对照《植物园设计标准》（CJJ/T 300—2019）自学。

2. 植物园规划设计重点

（1）选址。植物园宜建在城市近郊区，满足地形、地貌复杂多变，土壤酸碱度多样，适宜创造多种小气候的条件，利于创造丰富的植物景观。另外，选址地块最好具备丰富的天然植被，综合自然条件好，反映当地植物区系的原有自然植被典型群落面积不宜大于总用地面积的 30%。

（2）分区。科普展览区、科研区、生活区是植物园最重要的功能分区。

科普展览区主要展示植物界的自然规律及相关科普知识，一般可以进行进一步分区展示，营造多种不同的生态环境。此部分用地面积一般占总用地面积的40%～60%。

科研区主要由实验地、引种驯化区、示范区、苗圃地等组成，一般与游览区有一定的隔离，应布置在较偏僻的区域，设有专用出入口，控制人员的进出，做好保护工作。此部分用地面积一般占总用地面积的 25%～35%。

生活区为方便居住地较远的工作人员而设置，须注意防止破坏植物园内的景观。

（3）建筑设施。依据不同功能，一般分为展览型、科研型、管理型 3 类。

展览型——包括展览温室、植物博物馆、展览荫棚、科学宣传廊等，为植物园内主要建筑，多布置在出入口、主干道轴线区域。

科研型——包括图书馆、标本室、资料室、实验室、工作间、培育温室等，应与苗圃地、实验地等相近。

管理型——包括办公室、游客服务中心、公厕、休息亭、锅炉房、停车场等满足公园绿地共性需求即可。

（4）其他。植物园多采用自然式布局，其道路系统须对应植物园各区充分发挥分割、联系、引导的作用，同时在用地规模上应考虑今后发展，建议设有预留地。

（三）动物园概念及规划设计

1. 动物园概念

动物园——"在人工饲养条件下，移地保护野生动物，进行动物饲养、繁殖等科学研究，并供科普、观赏、游憩等活动，具有良好设施和解说标识系统的绿地"[《城市绿地分类标准》CJJ/T 85—2017]，动物园的具体设计可对照《动物园设计规范》（CJJ 267—2017）自学。

链接 9-10

《动物园设计规范》（CJJ 267—2017）

2. 动物园规划设计重点

（1）选址。动物园宜选择地质条件良好、自然植被茂盛的区域，与易燃易爆物品生产存储场所、屠宰场等保持安全距离，不宜有大型管线与市政设施，园内与外部条件连接方便，满足动物园安全防护隔离、环境优美和卫生的要求。

（2）分区。科研宣教区、动物展区、服务休息区、经营管理区为动物园功能分区重点。

科研宣教区是科学研究和宣传教育的活动中心，既可结合动物展区布置，也可集中布置在游人较为集中的区域。

动物展区包含各种动物的笼舍及活动区等，占用园区面积最大，应布置于适于动物生活与展示、方便游人观赏、利于动物管理、环境优美的区域。

服务休息区宜设置于主游览路线上的动物展区之间，包括为游人设置的休息庭廊、小卖部、服务点等，可点缀一些花坛、花架等。

经营管理区包括行政办公室、饲料站、兽医院、检疫站等，应设在不影响主体景观但又联系方便的隐蔽区域。

（3）建筑设施。主要包括科研宣教型、动物展示型、管理型等。

科研宣教型——科研型建筑与科普型建筑要有一定分隔，前者包括动物研究室、实验室等，后者包括演讲厅、展览馆、照片廊等。

动物展示型——主要为动物笼舍、繁殖室、室内外活动场馆等。其空间大小与生境布局要满足动物活动和休憩的需要，便于游人参观，且符合采光、通风、防火、安全、防噪、防污染等条件。

管理型——包括办公室、游客服务中心、储藏室、饲料间、设备间、锅炉房、公厕、生产用房等，根据管理需要确定建筑用途及大小构造等。

（4）其他。保障设施宜布置在园内的下风向，并设置隔离带与专用出入口，合理设隔离林带消除或减少噪声、过滤动物产生的不良气味。

（四）历史名园和遗址公园概念及规划设计

1. 历史名园和遗址公园的概念

历史名园——"体现一定历史时期代表性的造园艺术，需要特别保护的园林"［《城市绿地分类标准》CJJ/T 85—2017］。

遗址公园——"以重要遗址及其背景环境为主形成的，在遗址保护和展示等方面具有示范意义，并具有文化、游憩等功能的绿地"［《城市绿地分类标准》CJJ/T 85—2017］。

2. 历史名园和遗址公园规划设计重点

（1）选址。历史名园是在历史上已久负盛名，存在一定时间，具有无可替代的重要性，在此基础上进行进一步建设保护；遗址公园是以现址或遗址为核心进行构建纪念性景观，设计形式取决于地方文化、主要纪念的人物或特殊事件。

（2）分区。全园或核心区多为对称式布局，重点突出需要保护及传递的纪念性特征，围绕此重点开展设计，以实现一定的教育功能、文化传承功能等。

（3）建筑设施。可结合立地条件，合理应用水体，以水池、喷泉、跌水、瀑布、人工湖、雾态水等形式营造不同的静态或动态水景，强化纪念氛围的心灵体验及哲学思考。

在历史名园和遗址公园规划范围内有必要增加少量建筑和工程管线时，须提前谋划，在入场实施及建造完成后均应做好保护措施，不可以损坏古迹或破坏原貌。

特别是历史名园，在日常管理及修缮维护时必须按照《中华人民共和国文物保护法》的规定执行，须做好人员看守及防火防盗设施的设置。

（4）其他。充分发挥植物营造绿地空间及渲染独特氛围的功能，其中，常见的尖塔状和圆锥状的常绿植物有庄严肃穆的效果，如圆柏、雪松等；柱状的乔木有挺拔静谧的效果，如杨树、山楂、银杏等；垂枝形的植物可以表达哀思悲痛，如龙爪槐、垂柳等。

（五）游乐公园及主题公园概念及规划设计

1. 游乐公园及主题公园的概念

游乐公园——"单独设置，具有大型游乐设施，生态环境较好的绿地"[《城市绿地分类标准》（CJJ/T 85—2017）]。

主题公园——"围绕一个或多个主题元素进行组合创意和规划建设，营造特定的主题文化氛围，采用现代科学技术和多层次活动设置方式，集诸多娱乐活动、休闲要素和服务接待设施于一体的旅游文化娱乐场所"[《主题公园服务规范》GB/T 26992—2011]。

2. 主题公园规划设计重点

（1）选址。主题公园因投资巨大，选址时须综合考虑人口、市场、文化、交通、政策等各项因素，且受规模度、资源度、吸引度、受众群等的影响，不同主题公园的选址因素也会有所不同，最终的选址对投资和经营的影响是决定性的和长期性的，应当引起足够重视。

（2）选题。主题公园的主题选择是一个主观判断与理性市场分析相结合的决策过程，是集市场挖掘、机会捕捉、学识拓展、创新能力于一体，融合商业运作模式及有效的市场调查结果，突出主题公园的原创性及不可替代性。

（3）分区。功能分区主要包括以大型游乐设施为主的游乐区，以地域特色为主的风情体验区，以观景赏景为主的观光区，以提供情景模拟、环境体验为主要内容的各类影视城、动漫城等专类区域，餐饮及住宿等服务区以及管理区可以按照主题公园的规模及管理实际单独分区或包含在其他片区内设置。

（4）建筑设施。按照功能分区及对应的主题，将外观风格和实际用途相统一。在固定主体风格的基础上，加大现代科技手段的全方位应用，突出各个场景的创新性和个性化的特征，便于满足不同层次游客的需要。

（5）其他。主题公园的绿化占地比例应大于或等于65%。综合应用有形实物和虚拟现实技术，塑造出真假结合、虚实结合的梦幻舞台化世界，在景观环境回归真实性的演进过程中，尽量按照自然的本来面貌进行绿化。

（六）儿童公园概念及规划设计

1. 儿童公园概念

儿童公园——"单独设置的，为少年儿童提供游戏及开展科普、文化活动，有安全、完善设施的公园"[《风景园林基本术语标准》CJJ/T 91—2017]。

2. 儿童公园规划设计重点

（1）选址。一般都位于城市生活居住区附近，使家长和儿童能便捷抵达，安全顺畅。从合理布点考虑，较完备的儿童公园不宜选择在已有儿童活动区的综合性公园、社区公园附近，以免资金及资源浪费。

（2）分区。按儿童不同年龄段及成长特点应设幼儿活动区、儿童活动区、少年活动区、特色主题景区等，并设置儿童安全管理区。

幼儿活动区为满足 6 岁以下儿童活动需求设计，用地规模一般以 10 m²/ 人为人活动密度最低值，应兼顾提供幼儿监护人的休息及看护设施，并确保出入口在可视范围内，设置符合此年龄段儿童的游戏设施，如沙坑、花架、卡通桌椅、小屋、游乐设施等。

儿童活动区主要为 6～12 岁的学龄儿童提供活动场所，用地规模以 30 m²/ 人为宜，兼具学习与游乐功能，可设置秋千、滑梯、迷宫等活动设施及场地，也可增设开发智力的相关科普文化设施。

少年活动区多为 13 岁以上少年提供活动区域，用地规划多为 50 m²/ 人，按照此年龄段人群精力充沛的特点，主要设施为篮球场、羽毛球场、足球场、游泳馆等。

特色主题景区可作为突出儿童公园特色的一部分而单独规划，按照确定的主题搭配植物造景起到寓教于乐的积极作用。

管理区以提供园务管理及综合服务为主，其办公管理用房与活动区域之间有一定分区隔离。

（3）建筑设施。儿童公园建筑设施应满足儿童生理与心理的需求，一方面，注重打造日光充足、空气清新的室外环境，另一方面，按照功能需求建立色彩艳丽，造型丰富的建筑设施造型，重点满足儿童的游艺、科普、管理功能。

（4）其他。在植物选择方面，要兼顾儿童所能了解学习的植物知识和保护儿童身心健康两方面，总体布置要丰富多彩，但要忌用有毒植物、有刺植物、有刺激性和有奇臭的植物、易招致病虫害及易结浆果的植物，绿化占地比例应大于或等于65%。

二、材料准备

典型的专类公园规划设计优秀案例收集 2～3 个；《城市绿地分类标准》（CJJ/T 85—2017）、《公园设计规范》（GB 51192—2016）、《植物园设计标准》（CJJ/T 300—2019）、《动物园设计规范》（CJJ 267—2017）、《公共信息图形符号》[GB/T 10001（10001.1—10001.9）]；适合所选专类公园所在地域的常用乔木、灌木、地被植物表。

三、工具准备

电脑、绘画图纸、比例尺、画笔等。

四、人员准备

人员分组，每组 5 人，明确职责分工（表 9-5）。

表 9-5　任务分工

任务角色	任务内容
组长：	任务：
组员 1：	任务：
组员 2：	任务：
组员 3：	任务：
组员 4：	任务：

 任务实施

步骤一：按小组自行搜索学习一处专类公园的规划设计案例，并对照本节知识准备部分，结合对应类型的规划重点，对该专类公园设计表达中的优缺点进行分析。

步骤二：认真查阅该案例所在地的地域特征及植物选择等，筛选出能够合理应用的植物品种，列出植物清单。

步骤三：在抛开已建成的基础上，利用该案例的用地情况，积极交流创意，敲定新的设计主题，并对照相关标准合理勾画布局。

步骤四：按照任务分工，应用计算机辅助或手绘完成一套新的专类公园景观设计图纸（彩色总平面图 1 张，植物配置图 1 张，功能分区图 1 张，局部效果图 2 张），并辅以 150～300 字方案设计说明。

步骤五：制作 PPT 进行展示（可将步骤一的内容进行融合，例如，原有优点有哪些，进行了如何保留或借鉴；原有缺点有哪些，如何进行去除或优化等），并对完成任务过程中的问题和经验进行总结及分享。

任务总结及经验分享

任务检测

请扫码答题（链接 9-11）。

链接 9-11

测试题

任务评价

班级： _____　　　组别： _____　　　姓名： _____

表 9-6　专类公园规划设计任务完成评价

项目	评价内容	评分标准	自我评价	小组评价	教师评价
知识技能（50分）	专类公园规划设计	了解专类公园概念及其常见类型（5分）			
		掌握植物园概念及规划设计重点（10分）			
		掌握动物园概念及规划设计重点（10分）			
		掌握历史名园和遗址公园概念及规划设计重点（10分）			
		掌握游乐公园及主题公园概念及规划设计重点（10分）			
		掌握儿童公园概念及规划设计重点（5分）			
任务进度（10分）	在规定的时间内完成专类公园规划任务	全部完成（10分）；完成80%（8分）；完成50%（5分）；完成50%以下不得分			
任务质量（15分）	设计图与设计说明适配，符合相关标准，优缺点总结到位	图纸数量达到要求（5分）；图文适配，分析合理，效果良好（10分）			
素养表现（10分）	设计方案完整，设计合理且有创新，图纸及PPT展示清晰	图纸表达合理且有创意，效果良好（5分）；PPT展示清晰（5分）			
思政表现（15分）	与小组成员讲求团队合作精神，态度严谨，注重时效，善于总结分析并分享交流	具有团队协作精神（5分）；具备科学严谨的态度（5分）；善于总结分析并分享交流（5分）			
合计					
自我评价与总结					
教师点评					

任务四　游园规划设计

任务导入

　　以小组为单位，自选分析一处游园规划设计案例，总结游园规划设计中的亮点和特色，然后对其重新进行规划设计，汲取原设计优点，创新设计思路，完成新游园的设计，应用计算机辅助或手绘完成一套游园设计图纸，最终以图册（彩色总平面图1张，植物配置图1张，局部效果图2张）的形式呈现，并辅以150～300字方案设计说明，制作PPT进行展示分享，对完成任务过程中的问题和经验进行总结。

任务工单

班级 ＿＿＿＿＿＿＿＿　　姓名 ＿＿＿＿＿＿＿＿　　学号 ＿＿＿＿＿＿＿＿

任务名称	游园规划设计
任务描述	**任务内容**：完成理论知识学习后，以小组为单位选定1处典型的游园规划设计优秀案例，完成案例分析及重新规划设计，制作PPT展示。 **任务目的**：强化自我梳理、自我总结的能力，能够独立发掘原设计中的优点；提升小组协作能力，交流互鉴统一思路，按照分工，配合完成重新规划及成果展示。 **任务流程**：1.学习基础知识，掌握具体内容；2.查阅相关标准，提升理论构架；3.筛选目标案例，完成案例分析；4.结合案例地域，熟悉植物选择；5.积极交流创意，完成新版规划；6.对照任务分工，进行成果展示。 **任务方法**：观察法、对比法、分析法等。
获取信息	要完成任务，需要掌握相关的知识。请收集资料，回答以下问题： 1.什么是游园？ 2.公园绿地的发展简史及游园建设趋势是什么？ 3.公园绿地符合服务管理需求的规划设计要点是什么？
制订计划	

（续表）

任务名称	游园规划设计		
任务实施	按照预先制订的工作计划，完成本任务，并记录任务实施过程。		
	序号	完成的任务	遇到的问题	解决办法

任务准备

一、知识准备

（一）游园的概念

游园——"除以上各种公园绿地外，用地独立、规模较小或形式多样、方便居民就近进入，具有一定游憩功能的绿地"[《城市绿地分类标准》CJJ/T 85—2017]。

（二）游园规划设计理论

此部分重点介绍公园绿地发展简史至游园建设趋势，并结合实际服务管理的重点倒推规划设计的注意点，丰富规划设计内涵。

1. 公园绿地发展简史至游园建设趋势

现代意义上的公园绿地作为大工业时代的产物，经历了从贵族私家花园的公众化到城市公共生活景观时代的演变，而我国现代公园绿地的起点也是对反帝反封建的爱国表达及众多志士争取人权的证明，如今城市发展日趋成熟，在寸土寸金的现状下，游园的发展意义重大。

（1）公园绿地在西方的起源与发展

17世纪中期，法国资产阶级革命应运而生，并由点及面向整个欧洲辐射开来。在"自由、平等、博爱"的宣传下，新兴的资产阶级没收了封建王公贵族阶层的财产，把不同类型的宫苑、私园面向公众开放，并统称为公园（Public Park）。

1843年英国利物浦建立的博肯海德公园，标志着第一个城市公园正式诞生。

19世纪中期，欧洲、美国、日本均逐步出现了融合设计并对公众开放游览的公园。

现代意义上的公园绿地起源于美国，1858年由现代园林创始人弗雷德里克·劳·奥姆斯特德（Frederick Law Olmsted）（1822—1903）与其合伙人卡尔弗特·沃克斯（Calvert Vaux）（1824—1895）设计的第一个城市公园——纽约中央公园，历时15年于1873年建成，成为城市综合公园的典范。

（2）公园绿地在我国的发展简史

梁启超认为，中国最早的公园是周朝的"文王之囿"，据记载，"文王之囿"只限于"公用"，与现代意义上的公园还有一定差距。

我国现代意义的公园是帝国主义侵略殖民的结果，中国近代史上第一座公园诞生于上海，即 1868 年英国人在上海建的外滩公园（今黄浦公园），但公园不对中国人自由开放。20 世纪 20 年代，历史上著名的五卅运动、上海工人第三次武装起义等反帝反封建事件在上海风起云涌，帝国主义独裁者迫于外交压力，从 1928 年 7 月 1 日起，将上海租界内的所有公园向中国人自由开放。

1905 年，无锡的名流士绅在无锡崇安寺白水荡附近集资筹建了一座花园，名为锡金花园，又称公花园，免费对公众开放，这是中国近代史上第一座集资兴建的公园，号称"华夏第一公园"。

自辛亥革命到中华人民共和国成立，从改革开放至今，我国公园绿地的发展建设逐步从追求数量到关注质量的转变，在空间、设施、生态、心理、社会等设计理念层面越来越重视公园游园体验及建园特色，并逐步转变理念，从城市公园到公园城市，让多元化的公园绿地组成公园体系。

> **知识点拓展：**
>
> 公园城市≠公园＋城市，是新时代可持续发展城市建设的新模式，主张发挥绿水青山的生态价值、诗意栖居的美学价值、以文化人的人文价值、绿色低碳的经济价值、简约健康的生活价值、美好生活的社会价值等。

（3）游园发展趋势

在城市现代化进程发展中，大部分中国城市的土地利用混合度较高。在现存的城市格局中，尤其是在老城区，社区级公园绿地因住宅区建设严重缺失，在城市建设园林绿化用地日趋紧张的条件下，因地制宜的个性化小游园规划发展成必然趋势，政府应予以鼓励。游园规划设计内容参考前三项学习任务，不再赘述。

2. 公园绿地服务及管理规划设计要点

一件完整的公园绿地设计作品，是由选址、设计、建造到运营维护（管理＋服务）的闭环来体现的，一个好的设计师，是会考量后期养护管理运营成本及配套服务保障的。公园绿地须提供的基本服务及管理为环境管养、设施维护、咨询投诉、安全管理、商业经营、科教活动、导览讲解等。

链接 9-12

《公园服务基本要求》（GB/T 38584—2020）

（1）环境管养方面

公园绿地环境管养包括景点营造、绿地养护、环卫保洁、噪声控制等。

①景点营造。规划设计时应仔细考虑地形地势、园路设置是否线型流畅；除一些季节性一二年生草花须逐年更换外，园内植物主体架构及层次要形成长期使用，品种选择要适地，保障存活率，尽量降低后期更换的养护成本；驳岸线形及架桥形式应尽量考虑为水体清捞保洁提供一定便利；构筑物设计应与当地气候相匹配，如干旱多尘的地区不宜设计太过镂空的小品，因其容易积尘形成卫生死角，且易存在不确

定的安全隐患。

②绿地养护。对保留的大树或古木，以及计划栽植大规格乔木的地块，应设计宽度合理、铺装平坦的道路，便于后期高空作业车能够顺畅抵达作业区；草种播种或草坪铺设，应按建设地属性的不同分别选择冷季型、暖季型草坪草，且同一类型草种应选多品种混播；认真筛选各节点的配置植物，考虑各种细节，降低后期调整移植的成本；一定要在园内设计生产库房，便于存放各类绿地养护生产工具、设施设备等。

③环卫保洁。主干道园路、广场、亭廊等硬质铺装材质应便于清洁，不易发生污渍渗入无法清理的情况；厕所设置第三方卫生间或第三方厕位、无障碍通道、放置保洁工具的工具间，有条件或面积较大的厕所应设置管理人员休息室、母婴室等；应遵循垃圾分类原则，设计专门放置园林绿化垃圾、生活垃圾等的堆放点及收集装置；可以按保洁片区设置一些便于存放卫生保洁工具的装置，如能够放置扫帚等工具的长方形座凳，木屋驿站等便民服务设施。

④噪声控制。规划设计时应结合公园绿地周边实际及《声环境质量标准》（GB 3096）的要求，设置功能分区及植物配置，降低各区之间的影响。

（2）设施维护方面

①基础设施。公园绿地内规划设计的各项设施设备尽量选择耐光照、耐腐蚀材质，不易破损，保障使用期内使用功能和服务效果不降低；并对相关设施设备根据用途及受众群体，加设防雨遮挡、防风玻璃等；完善所有标识标牌系统，确保无漏项、无错字，如设立多语言标识标牌，应保障译文内容准确，整体图文清晰，与园林景观相协调。

②数字设施。构建智慧化公园管理平台，满足公园综合管理的多层次、精细化需求；建设智慧化应用场景，为不同游憩人群提供人性化、精准化服务。

（3）咨询投诉方面

于主出入口或核心区节点处规划设计专门的游客服务中心，提供完善的便民服务，设计易于看到的咨询、投诉窗口或平台。

（4）安全管理方面

应规划布局监控、路灯，设置监控室，体量较大的公园应于主要出入口设置值班室，含有山地、林地的公园绿地应合理增设护林防火值班点，公园绿地规划设计符合相关消防、安全规定。

（5）商业经营方面

应根据公园规模、性质，在设计方案中明确该公园绿地内哪些建筑物内可公开招标经营哪些商业项目。

（6）科教活动方面

应在规划设计中结合公园性质和发展实际，体现该公园绿地承接科教活动的总体愿景，分析优势，提供思路，便于后期管理者思考、践行。

（7）导览讲解方面

应设计完整的导览图，契合不同人群，设计不同的公园游览路线，总结公园亮点特色，为能够提供讲解服务的公园绿地提供讲解思路。

二、材料准备

典型的游园公园规划设计优秀案例收集 2～3 个；《城市绿地分类标准》（CJJ/T 85—2017）、《公园设计规范》（GB 51192—2016）；适合所选游园公园所在地域的常用乔木、灌木、地被植物表。

三、工具准备

电脑、绘画图纸、比例尺、画笔等。

四、人员准备

人员分组，每组 5 人，明确职责分工（表 9-7）。

表 9-7　任务分工

任务角色	任务内容
组长：	任务：
组员 1：	任务：
组员 2：	任务：
组员 3：	任务：
组员 4：	任务：

 任务 实施

步骤一：按小组自行搜索分析一处游园的规划设计案例，并对照本节知识准备部分，重点从服务及管理的角度考量，对该游园设计表达中的优缺点进行评价。

步骤二：认真查阅该案例所在地的地域特征及植物选择等，筛选出能够合理应用的植物品种，列出植物清单。

步骤三：在抛开已建成的基础上，利用该案例的用地情况，积极交流创意，敲定新的设计主题，并对照相关标准合理勾画布局。

步骤四：按照任务分工，应用计算机辅助或手绘完成一套新的游园景观设计图纸（彩色总平面图 1 张，植物配置图 1 张，功能分区图 1 张，局部效果图 2 张），并辅以 150～300 字方案设计说明。

步骤五：制作 PPT 进行展示（可将步骤一的内容进行融合，例如，原有优点有哪些，进行了如何保留或借鉴；原有缺点有哪些，进行了如何去除或优化等），并对完成任务过程中的问题和经验进行总结及分享。

任务总结 及经验分享

 任务 检测

请扫码答题（链接 9-13）。

 链接 9-13

测试题

任务 评价

班级：＿＿＿＿＿＿　　组别：＿＿＿＿＿＿　　姓名：＿＿＿＿＿＿

表 9-8　游园规划设计任务完成评价

项目	评价内容	评分标准	自我评价	小组评价	教师评价
知识技能（50分）	游园规划设计	了解游园概念及其主要特点（10分）			
		公园绿地发展简史及游园建设趋势（15分）			
		公园绿地服务及管理规划设计要点（25分）			
任务进度（10分）	在规定的时间内完成游园规划任务	全部完成（10分）；完成80%（8分）；完成50%（5分）；完成50%以下不得分			
任务质量（15分）	设计图与设计说明适配，符合相关标准，优缺点总结到位	图纸数量达到要求（5分）；图文适配，分析合理，效果良好（10分）			
素养表现（10分）	设计方案完整，设计合理且有创新，图纸及PPT展示清晰	图纸表达合理且有创意，效果良好（5分）；PPT展示清晰（5分）			
思政表现（15分）	与小组成员讲求团队合作精神，态度严谨，注重时效，善于总结分析并分享交流	具有团队协作精神（5分）；具备科学严谨的态度（5分）；善于总结分析并分享交流（5分）			
合计					
自我评价与总结					
教师点评					

项目十　城市广场规划设计

项目导读

　　人们常常把一座城市的广场称之为这座城市的"客厅"，能够最为直接地反映该城市的环境特征、景观特征以及文化特征。广场具有公共性和艺术性，配合布置公共绿地和设施小品，体现城市空间环境面貌，因此，做好城市广场规划设计对城市建设发展以及城市形象具有重要的意义。

　　本项目共设置了2个任务，包括市政集会广场规划设计和休闲娱乐广场规划设计，围绕不同类型的城市广场规划设计实践，介绍了城市广场的规划设计理论及规划设计原则，以及市政集会广场、休闲娱乐广场两种具有代表性的城市广场的设计手法及要求，促使学生熟练掌握城市广场规划设计的一般方法，能够在实践中完成城市广场调查研究及不同类型城市广场规划设计方案。

▌知识目标

　　要求学生掌握城市广场规划设计的相关理论知识并能够在规划设计实践中进行应用。第一，了解城市广场的概念、类型及功能作用；第二，掌握城市广场规划设计原则和内容；第三，分别掌握市政集会广场、休闲娱乐广场的规划设计内容和设计手法。

▌技能目标

　　掌握不同类型城市广场规划设计中各元素的重点内容和技巧方法，能够统筹思考，分析实际案例，吸取设计经验，并独立完成城市广场设计理念表达、总平面图绘制及展示等，能够提出自己的城市广场设计思路和设计亮点。

▌素养目标

　　通过对城市广场规划设计理论及方法的学习，获得完成城市广场设计项目任务的知识和技能，具备相应实践技能以及较强的实际工作能力，具有较全面的专业知识和独立设计的能力，培养园林规划设计技术领域的应用型人才。

此外，还要培养学生分析和解决设计过程中常见问题的能力，培养具有与本专业领域方向相适应的文化水平与素质、良好的职业道德和创新精神，独立思考、吃苦耐劳、勤奋工作、团队协作的意识，为今后从事园林技术行业的工作奠定良好的基础。

▋思政目标

能够广泛鉴赏经典优秀园林作品，了解国内外专业发展最新趋势，突出时代特点，主动思考，开拓创新设计思维，提升园林艺术品鉴能力、文化素养和审美情趣。坚定文化自信，爱岗敬业，具有精益求精的工匠精神，尊重劳动，具有较强的集体意识和团队合作精神。认同园林规划设计作为一门环境艺术，不仅仅是简单营造空间，而且担负为人类提供良好生存空间的责任，对缓解生态环境危机、提升生态环境质量都有重要作用，因此要培养学生责任意识，将环境友好、生态环保的原则贯穿学习与工作，深刻践行市政广场规划设计的生态文明精神。

任务一 市政集会广场规划设计

任务 导入

以小组为单位自选分析一处市政广场的规划设计案例，总结其设计中的亮点和特色，然后对其重新规划设计，汲取原设计优点，创新思路，完成新市政广场的设计，应用计算机辅助或手绘完成一套市政广场景观设计图纸，最终以图册的形式呈现，并辅以100～200字方案设计说明，制作PPT进行展示分享，对完成市政集会广场规划设计任务过程中的问题和经验进行总结。

任务 工单

班级 ＿＿＿＿＿＿＿＿＿＿　　姓名 ＿＿＿＿＿＿＿＿＿＿　　学号 ＿＿＿＿＿＿＿＿＿＿

任务名称	市政集会广场规划设计
任务描述	任务内容：<u>分析选定市政广场的案例；对场地重新进行规划设计。</u> 任务目的：<u>能够总结出案例中值得借鉴的亮点，并创新转化为自己的设计形式，完成完整的市政广场图纸。</u> 任务流程：<u>分析案例；总结亮点特色；转化设计方法；完成个人设计。</u> 任务方法：<u>对案例进行交通分析、景观结构分析、功能分区分析，提取设计理念，转化创新设计主题，改造布局形式。</u>

（续表）

任务名称	市政集会广场规划设计		
获取信息	要完成任务，需要掌握相关的知识。请收集资料，回答以下问题： 1.什么是城市广场？ 2.城市广场规划设计原则是什么？ 3.城市广场有哪些类型？ 4.市政广场的设计要求有什么？		
制订计划			
任务实施	按照预先制订的工作计划，完成本任务，并记录任务实施过程。		
	序号	完成的任务	遇到的问题	解决办法

任务 准备

一、知识准备

（一）城市广场的概念

　　城市广场，是为满足多种城市社会生活需要而建设的，以建筑、道路、地形、植物等围合，以步行交通为主，具有一定的思想主题和规模的城市户外公共活动空间。

　　值得注意的是，本节所提到的城市广场，是指户外公共活动的开放空间这种用地形式，并不涉及用地性质。包括用地性质属于《城市绿地分类标准》（CJJ/T 85—2017）中的城市建设用地内的 G3 街道广场绿地和《城市用地分类与规划建设用地标准》

链接 10-1

《城市绿地分类标准》（CJJ/T 85—2017）——第 4 页续表2.0.4-1，《城市用地分类与规划建设用地标准》（GB 50137—2011）——表3.2.2

（GB 50137—2011）中的广场用地（链接 10-1），以及城市中的一些开放空间。

（二）城市广场的类型

城市广场是指面积广阔的开放场地，为城市居民和游客提供进行政治、经济、文化等社会活动或交通活动的场所，在城市中广场的地位和作用举足轻重，是城市规划布局的重点内容。根据使用目的及主要功能大致可分为市政集会广场、文化纪念广场、休闲娱乐广场、交通广场、商业广场、宗教广场 6 大类型。

（三）各类城市广场的设计要求

1. 市政集会广场

市政集会广场一般设置在城市中心区，常配合市政府或其他行政管理建筑进行规划，也可以结合城市文化公共建筑，比如图书馆、城市文化馆、历史博物馆等，平时可供市民和游客进行休息游览活动，在节日或纪念日时可以举办集会活动。市政集会广场需要结合城市总体规划进行规划设计，应有足够的面积，并且与城市干道相连，交通便利、流线合理，能够满足大量人群的集散需求。

2. 文化纪念广场

文化纪念广场主要包含纪念有历史意义的事件或人物和保护文化古建筑两个方面的内容，一方面，可以供人们开展相关的纪念活动，进行瞻仰、缅怀等活动，另一方面，也可作为旅游景点，供游客和市民参观文化古迹、古建筑遗迹等旅游活动。这类广场一般要求有比较宁静的环境氛围，在突出位置设置文化主题雕塑、纪念碑、建筑物、构筑物等，能突出纪念性主题并且有与主题相符的人文环境氛围。为形成庄严肃穆的空间氛围，主题纪念物周围的植物配置尽量以规则式为主，常用常绿树作为背景。

3. 休闲娱乐广场

休闲娱乐广场是各个广场类型中整体环境最为轻松热闹的一个类型，人们可以在这里进行体育运动、集会、交流，还可以承担举办娱乐活动的功能。此类型的广场种类繁多，覆盖面积大，设计方法多样，既有一般的都市核心广场，又有与居民日常生活紧密相连的社区小型广场，更有街头的零散广场。休闲娱乐广场可以是无中心的布局形式，也可以是围绕着某一主题进行设计，主要是为了给居民、游客提供一个休憩娱乐放松的休闲场所。

4. 交通广场

交通广场主要指城市交通枢纽的站前广场，常见汽车站站前广场、火车站站前广场，常作为城市的门户，是外地游客认识城市的第一印象。主要功能是人流的集散，保证人流、车流、货流可以互不干扰，各行其道，因此要求广场有足够的人流集散空间，车辆停放空间，以及合理的交通路线，还要满足畅通无阻、联系方便的要求。广场的大小和停车区域的面积，一般根据广场上的客流量和车流量来决定，需要在前期做好充分的调查研究，而在交通流量非常大的地区，可以采取竖向多层次设计的方式，结合地下、地面、架空各空间形式，在不同高度疏导城市交通。

5. 商业广场

商业广场也是城市广场中最为常见的一类。许多城市依旧保留着历史上的商业广场，例如，南京的夫子庙和上海的城隍庙。作为城市生活的关键部分，商业广场负责提供集市交易、展示销售、休闲娱乐以及社交等各种活动的场所。在商业广场里，规划设计重点是提供一个方便的步行环境，同时，建筑的设计需要让商业广场能够和户外环境进行有效的融合。此外，还需要确保商业活动的地点比较分散，这不仅方便了消费者的购买，同时也能防止人员和汽车的拥挤。在广场内部安排销售亭、草坪、喷泉雕像以及休憩椅等装饰，既能让市民在购物的过程中休息，又能进行社交和文化互动，同时能让各种职业的市民在广场内获得多元的物质和精神满足，这符合公园设计的人本主义理念。

6. 宗教广场

宗教广场的存在主要是为了满足宗教活动需求，宗教广场主要展示了宗教文化的气息和宗教建筑的美感，一般都有清晰的中心线，广场内的景观大多采用对称的布局。一般在宗教建筑群内部设置一部分开敞空间，方便信徒或游客举行活动、休憩交流，外部设置集散用途的广场空间，同时也是城市环境景观的重要组成部分，但应与城市整体风貌相融合，不能破坏城市整体布局。

（四）城市广场的设计原则

1. 功能丰富，空间多样

广场活力的源泉是功能的丰富多样，只有多样的功能才能吸引多样的人群，产生多样的活动，使得广场成为一个真正有魅力的城市公共活动场所。现代城市广场常见的功能有开展集会、休闲娱乐、健身运动、交流交往等。

城市广场各种各样的功能离不开各种各样的空间配合才能得以实现，尤其在大规模的城市广场上，空间的划分可以通过交通系统进行串联，上升、下沉以及地面层相互穿插集合，丰富游人的观赏体验，既可仰视观景，也可俯视欣赏，垂直景观富有层次性。

2. 继承文脉，融汇特色

如今世界范围内的城市开发建设，地方特色文化保护的工作越来越受到政府的高度重视，历史文脉的继承也是必须被考虑的因素。在现代城市广场的设计规划中，常常通过历史建筑这种象征性的方式来表达一个城市历史的连续性。城市广场规划设计中的空间元素和主题思想也能够反映和展示一个地方文化的特点和文脉。同时，也可以通过设计一些具体的元素小品来直观地展现一个地方特色文化，从而激发人们对历史文化的思考和联想。

3. 以人为本，皆有所得

在城市广场规划设计初期，设计者会进行适用人群分析，研究游人的行为心理和活动规律，以此创造出适合不同人群的综合性城市广场作品。整个城市可以规划不同性质、不同功能、不同规模的各具特色的广场，而每个广场的内部功能空间应该充分迎合各类人群的不同需求，形成主次空间的区分。主要的空间需要满足大量人群的聚集需求，同时还需要一些适合少数人群游玩和交流的中等空间，以及具有较强遮蔽性的独立私密小空间。确保无论何种年纪、职业或社会地位的市民和游客都可以在城市广场上获取他们的各种需求，唯有全方位展示出对人的关心与尊重，城市广场才能真正转变为每个人渴望的公共活动场所。

4. 持续发展，生态友好

自党的十八大报告提出生态文明建设的任务以来，园林作为丰富城市景观、提升城市生态环境的重要组成部分，在城市广场规划设计时应充分考虑该城市的可持续发展的要求。城市广场又是城市景观的重要组成部分，一方面，要从城市的整体生态环境出发，运用园林设计的方法，在不同层次的空间领域中，引入自然、再现自然，使人们在有限的空间中，领略和体会城市"第二自然"带来的自由轻松和愉悦之感。另一方面，城市广场的生态小环境也要设计合理，既满足当地的生态条件需求，又要和整体的景观特性相匹配；既要有充足的阳光照射，又要有足够的绿化面积，冬暖夏凉，尽量提高物种丰富度，为本城市居民创造舒适的室外环境，也为生态系统的连贯性做好衔接工作。

5. 公共开放，全民参与

在城市广场的设计过程中，充分了解市民的意愿，发挥市民的群体智慧。在实际操作过程中，确保居民能够及时准确地获取各类城区规划信息，为公众提供参与城区规划决策的平等机会，广泛接纳公众的建议，维护公众的利益。最终在市政集会广场设计阶段，鼓励与市民共同设计，这也体现在市政集会广场的日常管理中。

（五）市政集会广场的设计内容及要求

1. 布局形式

市政集会广场一般选择比较规整的布局形式，常采用几何形构图，整体较为简洁开阔，需要合理处理建筑和景观轴线、景观空间的关系。广场应考虑各种活动空间、场地划分，通道布置应与主体建筑物有良好的联系。这种广场的主要目标是为市民和游客提供活动场所，因此应主要采用硬质铺装，而在广场中心通常不会设置大型绿地，以避免破坏广场的整体布局。

2. 绿化设计

为了与市政集会广场气氛相协调，植物配置一般以规整形式为主。对于位于市政集会广场附近的街区，能够采取如种植树木、灌木或者设置花坛等方式来实现绿化美化作用，这不仅能够有效地划分空间，同时也能降低对环境的影响，确保市政集会广场的宁静和完整。当市政集会广场的面积过大，需要将其分割成多个活动区域时，应该选择使用绿色植物来进行隔离，这样既不会显得过于刻板，也能保证每个区域的独立性。

3. 设施小品设计

在市政集会广场中，可以设置如水景、雕塑、座椅等各种元素，供公众休闲和参观。仔细考虑这些元素的比例、空间布局，并且需要注意欣赏时对其视角和视线的需求，目的是提升整个市政集会广场的艺术效果。市政集会广场设计中可以布置台阶、座椅等供人们休息，设置花坛、雕塑、喷泉、水池以及其他景观小品供人们使用、观赏。无论市政集会广场的面积大小如何，从空间布局到小品和座椅的设计都必须遵循人的环境行为习惯和人体尺寸，这样设计才能便于居民休闲使用。

二、材料准备

典型的市政广场规划设计优秀案例收集 1～2 个；《城市绿地分类标准》（CJJ/T 85—2017）、《城市用地分类与规划建设用地标准》（GB 50137—2011）；适合所选市政广场所在地域的常用乔木、灌木、地被植物表。

三、工具准备

电脑、绘画图纸、比例尺、画笔等。

四、人员准备

人员分组，每组 5 人，明确职责分工（表 10-1）。

表 10-1　任务分工

任务角色	任务内容
组长：	任务：
组员 1：	任务：
组员 2：	任务：
组员 3：	任务：
组员 4：	任务：

 任务 实施

步骤一：案例分析——城市集会广场场地条件分析。

以小组为单位，对案例场地的原有条件进行分析，包括地形地貌分析、原有植被及建筑物分析、场地的环境条件分析、使用需求分析、生态可持续性分析。

步骤二：总结案例设计特色。

以小组为单位，在案例场地分析的基础上，对城市集会广场场地有了基本了解，对较大的影响因素要做到心中有底，并且结合案例的实际设计成果对比分析，针对不同的场地条件，分析总结案例中采用了何种设计方法去解决场地问题、发挥场地优势的。

步骤三：转变设计理念。

以小组为单位，在总结案例对城市集会广场场地各种条件的处理方式之后，对设计中的优缺点进行总结分析，取其精华，去其糟粕，不要直接简单粗暴地抄袭，而要将其内涵以设计的手法自然地融入自己的设计中。

步骤四：规划设计及展示分享。

按照任务分工，以小组为单位对该自选城市集会广场案例进行重新规划设计，应用计算机辅助或手绘完成一套城市集会广场园林景观设计图纸，最终以图册（至少需要包含彩色平面图 1 张、鸟瞰效果图 1 张、植物配置图 1 张、局部效果图 2 张，其余图纸可根据需要添加）的形式呈现，并辅以 150～300 字方案设计说明，制作 PPT 进行展示分享。

 任务总结 及经验分享

 **任务 检测**

请扫码答题（链接 10-2）。

任务 评价

链接 10-2

测试题

班级：_____　组别：_____　姓名：_____

表 10-2　市政集会广场规划设计任务完成评价

项目	评价内容	评分标准	自我评价	小组评价	教师评价
知识技能（50分）	市政广场案例分析	是否能找出案例中的设计亮点并加以借鉴（5分）			
	城市广场设计原则	能否遵循设计原则进行改造设计（5分）			
	市政广场布局形式	构图形式是否适合市政广场严肃氛围（10分）			
	市政广场绿化设计	绿化形式是否起到景观和功能双重作用（10分）			
	市政广场设施小品	使用的设施小品外形是否符合市政广场氛围，功能是否符合人体尺寸（10分）			

（续表）

项目	评价内容	评分标准	自我评价	小组评价	教师评价
任务进度（15分）	在规定的时间内完成市政广场规划任务	全部完成（15分）；完成80%（10分）；完成50%（5分）；完成50%以下不得分			
任务质量（10分）	设计图与设计说明适配，符合相关标准，优缺点总结到位	图纸数量达到要求（5分）；图文适配，分析合理，效果良好（10分）			
素养表现（10分）	设计方案完整，设计合理且有创新，图纸及PPT展示清晰	图纸表达合理且有创意，效果良好（5分）；PPT展示清晰（5分）			
思政表现（15分）	与小组成员讲求团队合作精神，态度严谨，注重时效，善于总结分析并分享交流	具有团队协作精神（5分）；具备科学严谨的态度（5分）；善于总结分析并分享交流（5分）			
合计					
自我评价与总结					
教师点评					

任务二　休闲娱乐广场规划设计

任务 导入

以小组为单位自行搜索学习一处休闲广场的规划设计案例，对其功能分区进行提取，分析植物种植方式及设施小品的设置目的。对所给模拟基址进行现状分析，在分析案例的基础上取长补短，创新思路，选取适合该底图的设计方式完成街边休闲广场设计，应用计算机辅助或手绘完成一套休闲娱乐广场景观设计图纸，以快题展板方式进行展示分享，对完成任务过程中遇到的问题和经验进行总结交流。

模拟任务书：该地块面积为 3.2 hm²，场地右侧有小清河穿过，水质优良，现为硬质铺装（图10-1），请在红线范围内为周围居住区居民设计一个社区休闲娱乐广场，方便居民日常休憩活动。

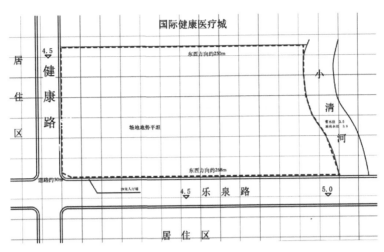

图 10-1　模拟地块

📖 **任务工单**

班级 _____　姓名 _____　学号 _____

任务名称	休闲娱乐广场规划设计
任务描述	任务内容：分析相关休闲广场案例；完成模拟场地的设计任务。 任务目的：能够学习借鉴优秀案例的设计方法；能够独立进行场地分析、设计满足要求的休闲广场、完成图纸绘制。 任务流程：分析案例，借鉴功能分区及小品设置；对模拟基址进行综合分析、设置路网及功能分区、完成图纸绘制。 任务方法：分析案例，提取设计思路；对模拟基址进行场地分析，根据服务人群设置功能分区及出入口、交通路线，细化小品设置、植物配置。
获取信息	要完成任务，需要掌握相关的知识。请收集资料，回答以下问题： 1.休闲广场应具备的功能有什么？ 2.休闲广场的规划设计重点内容是什么？ 3.休闲广场适合采用的植物布置形式有哪些？ 4.休闲广场应具备的设施小品有哪些？
制订计划	

（续表）

任务名称	休闲娱乐广场规划设计		
任务实施	按照预先制订的工作计划，完成本任务，并记录任务实施过程。		
	序号	完成的任务	遇到的问题	解决办法

任务准备

一、知识准备

当前的城市发展过程中，存在着诸多不利因素和挑战，尤其是城市的生态环境日益恶化，以及人文环境氛围的缺乏，这些都让城市居民感到担忧。然而，城市休闲广场的出现正好成为解决这些问题的关键所在，具有极高的社会价值。

（一）城市广场的功能

（1）居民社会交往和户外休闲的重要场所；

（2）供交通集散，是车流人流的枢纽；

（3）组织商业贸易交流等活动的地方；

（4）展示城市风貌的关键性场所。

（二）休闲广场的设计要求及方法

1. 布局形式

休闲广场的选址和规模都较为灵活，在构图形式上没有特别的要求，不强调景观轴线关系，不强调严谨的对称布置。一般根据场地原有轮廓进行设计布局，要求交通流线设计合理且满足功能要求。

2. 功能分区

城市休闲娱乐广场要遵循以人为本的设计原则，尽量满足本城区所有人群的活动需求，因此需要在前期调研时做好人群及人流分布调查分析，掌握使用广场人群的年龄分布，因而满足不同人群需要设置不同城市广场功能分区。如为老年人设置安静运动健身区，为儿童设置不同年龄阶段的活动游戏区，为青年人设置交友区，还可以设置全年龄段适用的水景、小剧场、茶室等各类公共活动场所。值得注意的是，休闲广场须提供大面积的硬质铺装场地，便于人群集散并进行广场舞类的聚集活动。

3. 植物配置

一个城市的休闲娱乐广场的植物配置应随其功能分区的变化而进行规划设计，

为城市居民提供的休憩场所的树池座椅，适宜配植具有观赏性并提供荫蔽的高大乔木，私密交流区适宜混植乔灌木和草本植物，并配以观赏地被花卉植物，满足人们对优美环境的观赏需求，甚至可以使用具有芳香气味的植物来丰富游人审美体验。另外，在植物选取时尽量选择乡土树种（链接 10-3），并且严格筛选取消那些会对游人造成危险的树种，避免发生安全隐患问题。

链接 10-3

西北常用植物种类

4. 设施小品

休闲娱乐广场需要对铺装场地进行特别设计，尤其是为游人、居民提供大面积的硬质铺装场地设计时，充分运用图案、材质、纹理等设计元素，提升铺装效果。除园林景观设计常用小品如休闲座椅、照明设施、卫生设施等之外，为丰富游人的游览体验，可以设置声、光、电结合效果的互动小品设施，并辅以水景、灯光，以此吸引更多游客，并且给居民提供一个交流的场所，拉近人与人之间的距离，提升广场的文化修养特征。

二、材料准备

经典的休闲娱乐广场规划设计优秀案例收集 1～2 个；常见铺装形式及材料汇总表；适合本地区的常用乔木、灌木、地被植物表。

三、工具准备

电脑、绘画图纸、比例尺、绘图工具等。

四、人员准备

人员分组，每组 5 人，明确职责分工（表 10-3）。

表 10-3　任务分工

任务角色	任务内容
组长：	任务：
组员 1：	任务：
组员 2：	任务：
组员 3：	任务：
组员 4：	任务：

任务实施

步骤一：案例分析——场地条件分析。

以小组为单位，选取与给定案例场地相似的休闲娱乐广场案例进行分析，包括地形地貌分析、原有植被及建筑物分析、场地的环境条件分析、使用需求分析、生态可持续性分析；

步骤二：总结案例设计特色。

以小组为单位，分析总结案例中采用了何种设计方法去解决场地问题、发挥场地优势。对设计中的优缺点进行总结，分析设计手法，取其精华，去其糟粕，不要直接简单粗暴地抄袭，而要将其内涵以设计的手法自然地融入自己的设计中。

步骤三：模拟场地基址分析。

以小组为单位，在分析相似案例的基础上，对教材给定的模拟场地进行基址分析，包括地形地貌分析、场地环境条件分析、周边人群使用需求分析，并结合案例中提取的可借鉴的设计手法，完成对模拟基址场地的初步规划。

步骤四：规划设计及展示分享。

按照任务分工，以小组为单位对给定模拟场地进行规划设计，完成该休闲娱乐广场的详细设计，应用计算机辅助或手绘完成一套园林景观设计图纸，最终以图册（至少需要包含彩色平面图 1 张、鸟瞰效果图 1 张、植物配置图 1 张、局部效果图 2 张，其余图纸可根据需要添加）的形式呈现，并辅以 150～300 字方案设计说明，制作 PPT 进行展示分享。

任务总结及经验分享

_____

_____ 。

任务检测

请扫码答题（链接 10-4）。

链接 10-4

测试题

任务评价

班级：_____ 组别：_____ 姓名：_____

表 10-4 休闲娱乐广场规划设计任务完成评价

项目	评价内容	评分标准	自我评价	小组评价	教师评价
知识技能（50分）	案例分析及知识储备	能否准确提取案例优缺点；对休闲广场的知识了解是否充分（5分）			
	前期分析	对场地的环境分析是否到位，人流及受众群体分析是否合理（10分）			
	休闲广场功能设置	功能分区是否充分合理（10分）			

（续表）

项目	评价内容	评分标准	自我评价	小组评价	教师评价
知识技能（50分）	休闲广场植物配置	植物运用是否做到适地适树，是否满足功能和景观作用（10分）			
	休闲广场设施小品设计	铺装是否具有艺术性、设施是否人性化（5分）			
任务进度（15分）	在规定的时间内完成休闲广场规划任务	全部完成（15分）；完成80%（10分）；完成50%（5分）；完成50%以下不得分			
任务质量（10分）	设计图与设计说明适配，符合相关标准，优缺点总结到位	图纸数量达到要求（5分）；图文适配，分析合理，效果良好（10分）			
素养表现（10分）	设计方案完整，设计合理且有创新，图纸及PPT展示清晰	图纸表达合理且有创意，效果良好（5分）；PPT展示清晰（5分）			
思政表现（15分）	与小组成员讲求团队合作精神，态度严谨，注重时效，善于总结分析并分享交流	具有团队协作精神（5分）；具备科学严谨的态度（5分）；善于总结分析并分享交流（5分）			
合计					
自我评价与总结					
教师点评					

项目十一 旅游景区规划设计

💡 项目导读

　　本项目共设置 3 个任务，包括自然类旅游景区规划设计、人文类旅游景区规划设计和旅游景区调查分析与评价。旨在通过理论知识、案例分析和规划设计实践，围绕旅游景区规划设计实践，介绍旅游景区与旅游景区规划相关的基本概念、旅游景区规划的内容和模式、旅游景区规划的方法和程序、旅游资源调查分析与评价及旅游景区总体分析与评价等内容，促使学生熟练掌握旅游景区规划设计的一般方法，能够在实践中完成不同类型旅游资源的旅游景区规划设计方案。

知识目标

　　要求学生掌握景区规划设计的基本理论知识，包括布局原则、景点设计、服务设施规划等，形成系统的规划思维。第一，掌握旅游景区的概念、类型和基本特征；旅游景区规划的概念、特点、依据等内容。第二，掌握旅游景区规划的内容、要求、方法及程序。第三，掌握旅游资源调查的类型与内容、景区规划的原则，以及旅游景区如何进行 SWOT 分析评价。

技能目标

　　要求学生具备组织和实施实地考察、调查的能力，通过实地了解更好地获取景区规划所需的实际数据；具备扎实的市场调研与分析技能，了解游客需求和市场趋势；掌握景区规划设计的基本理论，包括布局原则、景点设计、服务设施规划等，培养系统的规划思维。

思政目标

　　要求学生尊重自然环境和社会文化，具备对当地社区和居民的责任感，培养创新思维，强化学生爱国主义、敬业精神和诚信为本的精神，旨在培养具有社会主义核心价值观、专业能力强和道德品质高的旅游景区规划人才。

第一，弘扬民族文化。通过将民族文化、历史文化资源融入旅游景区规划，来展现中华民族的优秀传统文化，增强学生的文化自信。第二，强化生态文明理念。通过强调生态环保、资源节约，使旅游景区发展与生态环境保护相协调，培养学生树立人与自然和谐共生的观念。

任务一　自然类旅游景区规划设计

任务导入

学习《青海湖景区旅游规划》案例，以小组为单位编制一份《青海湖景区旅游规划案例分析报告》，介绍青海湖景区规划的原则、方法、流程与程序，谈一谈其可借鉴之处，并通过《青海湖景区旅游规划》案例，考虑如何平衡保护与发展的关系（例如，在规划过程中，如何保护湖泊水质、保护珍稀植物和动物、控制游客数量等方面）；如何平衡生态保护与旅游开发的矛盾（例如，制定科学的规划方案，合理规划景区的游览线路、游客容量、旅游设施布局等，并加强生态监测和管理措施）。

任务工单

班级 ＿＿＿＿＿＿＿＿　　姓名 ＿＿＿＿＿＿＿＿　　学号 ＿＿＿＿＿＿＿＿

任务名称	自然类旅游景区规划设计
任务描述	任务内容：深入调研青海湖及其周边地理、生态、文化等各方面的信息，制定规划范围、提出可行的旅游开发方案，同时注重设施和服务设计，并强调社区参与可持续发展原则。 任务目的：培养学生的综合能力，使其能在复杂多变的现实环境中平衡自然保护和旅游开发的关系。 任务流程：分组选题、实地调研、规划设计、方案汇报与修改，最终形成旅游规划案例分析报告。 任务方法：实地考察、专业导师指导和模拟会议。
获取信息	要完成任务，需要掌握相关的知识。请收集资料，回答以下问题： 1.旅游景区规划的依据包括哪些方面？ 2.旅游景区规划的一般原则是什么？ 3.自然类旅游景区规划的内容有哪些？ 4.自然类旅游景区规划的模式是什么？

（续表）

任务名称	自然类旅游景区规划设计		
制订计划			
任务实施	按照预先制订的工作计划，完成本任务，并记录任务实施过程。		
	序号	完成的任务	遇到的问题	解决办法

任务 准备

一、知识准备

（一）自然类旅游景区概念及分类

自然类旅游景区，也被称为自然景区，由多种自然旅游景点构成，同时还融合了一些人文景观。是一个相对独立的旅游景点，以著名的山脉、大河和各种江河湖海为其主要代表。例如，黄山、西湖、芦笛岩、九寨沟和尼亚加拉大瀑布等地。该区域以大自然为核心，具备一定的规模和可供游览的条件，是一个适合人们进行游览、科学考察和冒险活动的大规模区域。简而言之，自然景区主要以自然风光为核心，人文景观相对集中，拥有丰富的资源和优美的环境，是一个适合人们参观或参与科学和文化活动的地方。

由于自然类景区资源类型复杂，各国对景区概念界定也有所不同。目前，国际上对自然景区分类方式尚无更细致的统一规范。根据各个国家的规划保护措施的特点，可将自然景区分为保护型、复合型和综合型3大类自然景区。

1. 保护型自然景区

所谓的保护型自然景区，是指那些以"纯粹的保护"为规划设计目标，在自然资源上具有代表性和具有巨大保护价值的地方。这些景区规划设计的主要目的是保护稀有和珍贵的动植物资源，以及维护代表各种自然区域的生态系统。这种类型的景区是完全由国家管理的，主要用于科学研究和实地考察。涵盖了自然保护区和国家公园等多个区域。

根据保护目标的种类分类，自然保护区可以被划分为3大类：生态系统类保护区、生物物种保护区以及自然遗迹保护区；基于保护区的管理特性，可以将其划分为科研保护区、国家公园（也称为风景名胜区）、管理区以及资源管理保护区这4

大类别。1974年，国际自然资源保护联盟（IUCN）正式将具有地域特色和原生自然资源的特殊生态或地形区域定义为国家公园。该措施旨在维护国家典型生态系统的完整性，并为科学研究和教育旅游提供必要的场地，由国家负责划定需要进行保护和管理的自然区域。

2. 复合型自然景区

复合型自然景区是一个融合了多种自然元素和景观特色的旅游目的地。不仅包含丰富的自然景观，如山川、湖泊、森林、草原等，还往往融入了人文景观或特色文化元素。在复合型的自然景区中，根据不同的自然资源类型，有些区域可以选择性地开放供游客参观，而在某些具有高研究价值且极易受损的地方，游客可以进行有限的游览。如果自然保护区的地形特别恶劣，可能给游客带来安全风险的地方通常不会规划相关的观光路线。

3. 综合型自然景区

综合型自然景区是指那些在自然和人文资源上都相当丰富的地方，能够为游客提供观赏的机会、组织各种节日活动，并且景区内的设备和设施都相当齐全的综合景区。通常，风景名胜区被归类为综合性景区。这些景区不仅拥有美丽的自然风光作为其基础，还拥有丰富的名胜和历史遗迹等人文景观。同时，综合性景区也遵循了保护自然景区优先的原则，并与复合型自然景区的自然和人文资源进行了多维度的融合。

（二）自然类旅游景区规划设计的内容

通常情况下，自然类景区的规划是一个由主体、客体和媒介3个主要部分组成的完善体系。主体是指当地的原有居民和游客；客体是指自然景区内的各类物质和人文资源；主体和客体是通过各种媒介建立联系的，因此媒介主要指的是交通网络、服务设备等。主体、客体和媒介共同构建了人与资源之间的信息交流和传递机制。在进行自然景区的规划设计前，首先，明确规划设计的主体、客体以及媒介之间的相互关系。其次，需要明确自然类景区的特性，以及如何通过科学和合理的方法来协调和规划自然景区的属性与规划内容之间的有序平衡。

在进行自然类景区规划设计时，要考虑的核心因素包括自然的各个方面，例如，地形、生物覆盖、水域、气候等，同时也要考虑到人文的方面，如物质形态（如人与自然的融合、建筑设计）和无形的（如文化遗迹、传统习俗）等。

（三）自然类旅游景区规划设计的原则

1. 保护先行原则

自然景区的规划设计始终是基于丰富的自然资源，与城市景观中的人造环境相比，维护自然景区的原始和自然特性显得尤为重要。不管是哪种类型的自然景区规划，都应该贯彻"保护优先，规划紧随其后"的原则。根据我国的《风景名胜区总体规划标准》（GB/T 50298—2018），明确强调了对自然和文化遗产的严格保护，同时也要维护原有的景观特色和地方文化，确保生物多样性和生态循环的健康发展，防止环境污染和其他形式的公害，增强科学和教育的审美价值，以及加强地被和植物景观的培育。此外，该规范还强调了避免过度的现代人工干预，以确保自然和人工美在风格、形态和色彩等方面能够和谐地融合到当地的自然景观中。

2. 生态平衡原则

在自然景区内，生态平衡的核心应当是最大限度地利用景源地的综合能力，并在合理规划景区布局的基础上，全面掌握生态和功能的整体布局。由于自然景区的景观是自然和文化的融合，由多个复杂的生态系统组成，具有特定的结构和功能，这就要求自然景区的规划必须从整体的环境结构出发，保持区域景观结构的完整性、各区域的比例和格局的协调，与自然景区内的人为利用和自然特征相适应，以实现各系统之间的动态平衡。在坚守生态平衡这一核心理念的同时，自然结构、生态与环境，以及人与环境之间的相互作用，都构成了不可推卸的责任。

3. 因地制宜原则

在自然景区的规划设计时，遵循因地制宜的原则。这意味着在保护景区内容和资源特色的同时，要尽量强调景区的地域特色。"因地制宜"的策略实际上是对"景区的独特性"的一种维护。因此，在对自然景区进行规划设计时，不能仅仅依赖单一的方法或模式，而应该根据各个地区的特色和当前的环境状况制定个性化的规划方案。如果简单地采纳和使用旧的模式，可能会削弱地区的独特魅力，并最终导致"千篇一律"的后果。

4. 整体与综合性原则

在对自然景区进行规划和设计时，不能仅仅停留在片面或简化的层面，也不能仅从单一的视角进行全面的规划。相反，需要对景区内的各种景观元素进行全面的分析，并在识别和评估景区资源、各相关学科的合作以及多方的实地考察后，才能制定出初步的规划方案。因此，景区的规划本质上是比较复杂的，规划的基础是有针对性地调整自然景区内的各种自然和人文资源。

（四）自然类旅游景区规划设计的程序与步骤

1. 旅游景区规划的层次

我国的旅游景区规划一般可概括为3个层次，分别为总体规划、控制性规划和详细规划。总体规划是指在对规划场地有所了解的情况下经评议、修改、协商讨论、专家咨询后编制总体规划大纲，作为后一阶段规划的依据；控制性规划是指以总体规划为依据，确定景区的土地使用性质和使用强度的控制指标，制定景区道路交通和工程管线等基础设施的控制性位置，以及制定出合理的空间环境控制的规划要求；详细规划是指在总体规划指导下，在控制性规划的基础上对景区进行详细的规划和景点设置。

2. 旅游景区规划设计的程序与工作流程

（1）旅游景区设计程序

①资料收集

对景区现有的各种资料进行全面地收集和整理，这些资料将作为规划设计所需的基础信息，包括但不限于景区场地的 CAD 设计图纸、景区所处区域的初步规划信息以及各种类型的规范。除了上述信息，还需要进一步了解景区所在地的地理位置、居民数量、气候状况、人文地理背景以及当地的风俗和习惯等相关信息。

②场地分析

场地分析是基于前期资料的全面收集和实地勘察，通常包括区域地理位置分析、区域周边规划解读、区域周边用地性质分析、区域周边景观资源分析、区域交通分析、区域内部现状分析（如交通、景观资源、用地性质、使用人群定位、场地高程、视线分析）等。

③场地评估

通常情况下，对场地的评估可以被看作是对景区场地进行深入分析后的汇总。评估的目的是识别景区当前状态中隐藏的长处和短处。通常采用 SWOT 分析方法，从优势（Strength）、劣势（Weakness）、机遇（Opportunity）和挑战（Threat）这 4 个维度来识别场地的潜在利用和存在的问题。

④主题定位

基于之前的分析和评估，确定与景区相匹配的主题和定位，也就是景区规划未来的发展方向。

⑤功能设定

该方法旨在明确景区的特殊功能，并在场地的性质与实际使用之间进行权衡，同时明确环境的限制和规划设计的适用区域。

⑥空间布局

为了确定景区规划总平面图，需要明确景区内各个使用空间之间的相互关系。

⑦交通路径

在整理原始道路的使用和新建道路的布局时，确立景区规划路线和道路的分级标准。

⑧区域划分设计

在对整体空间布局进行明确划分后，对各个区域进行更为精细的规划设计，如景区内的原始保护区和游客活动区的详细布局规划。

⑨节电设施

设计涉及景区内的关键建筑和设施，包括但不限于建筑、小品、水域、植物覆盖、地面铺装以及其他设施的设计方案。

⑩扩初设计

所谓的"扩初设计"是在确定了详细的规划方案后，为未来的施工活动做好的前期准备工作。虽然这可以被视为一个初步的建设计划，但还没有达到施工图设计的要求。实际上是对原有初步设计的进一步拓展，涉及对先前的初步设计进行更为精细的处理和优化。

⑪施工图设计

施工图在景区规划方案的现场施工中得到了应用，不仅是一个能够实际执行的图纸，同时也是景区规划设计的最终步骤，确保景区规划设计能够真实地应用到现场。

（2）旅游景区规划的工作流程

从总体上来看，旅游景区规划的过程可以被分解成如图 11-1 所示的工作流程。即旅游景区开发项目可行性研究，编制旅游景区开发规划项目任务书，组建旅游景区开发规划编制组，编制组制订工作计划，进行室内资料调研，田野考察调研，编制旅游景区规划初稿、中稿以及终稿，聘请专家评审规划，组织规划的实施和修订。

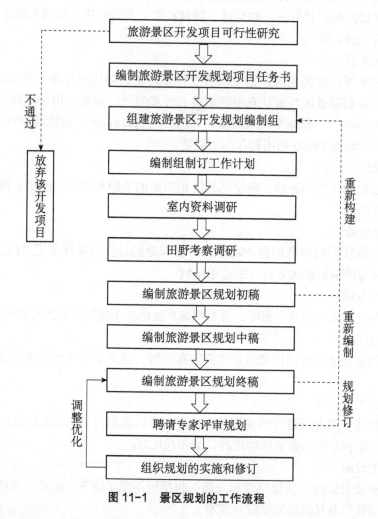

图 11-1　景区规划的工作流程

①旅游景区开发项目的可行性研究

旅游景区规划的可行性研究是对拟开发旅游景区的预分析，判断该旅游景区是否具有开发的必要性和可行性。可行性研究的内容主要涉及 4 个方面，即旅游景区的开发价值、旅游景区的市场前景、旅游景区的投入产出分析以及旅游景区的游客容量评估。

开发价值评估是指对旅游景区范围内的旅游资源赋存条件以及开发条件进行分析和评估，从而确定该旅游景区有无开发潜力和可行性。

旅游景区的市场前景是立足于区域旅游市场的发展现状和未来发展趋势而对待开发旅游景区的市场接受程度加以预测。分析时，除对旅游者行为方式和消费习惯进行分析外，还应分析市场中已有的竞争者和潜在的竞争者情况。

旅游景区开发规划的投入产出分析是利用产业经济学中投入产出模型来对旅游景区的投资收益进行对比估算。主要内容有旅游景区开发的风险性和脆弱性、旅游景区的成本和效益评估等，这里的效益评估除经济效益外，还应综合考虑旅游景区开发的社会效益和生态环境效益。

旅游景区游客接待容量评估是根据旅游项目和景区类型以及预计的游客周转率确定景区内的大致游客容量，即旅游景区开发接待的阈值。在进行经济效益分析时，游客接待量也要以该数值为计算上限。

若通过可行性研究论证，则可以进入下一个环节；若未能通过论证，则建议投资方取消对该项目的开发计划。

②编制旅游景区规划项目任务书

旅游景区开发规划的内容在规划项目任务书中得到了详细的阐述。景区规划应涵盖以下几个方面：规划的覆盖范围、目标设定、规划所涉及的区域环境、规划的具体内容、规划的实施期限、采用的规划方法和技术路径、规划所需的经费，以及其他与旅游景区规划编制相关的明确要求。

③组建旅游景区开发规划编制组

景区规划队伍的组建可以由委托方自主选择，也可以通过市场竞标而确定。目前通过市场招标来确定规划编制方是较为常用的做法。通过市场招标时，规划委托方应起草、发送招标邀请书或在公共媒体上公布招标信息征求投标者。招标邀请书要明确写明招标内容、招标方式、招标文件领取时间和地点、投标截止日期以及开标时间、地点等内容。

④编制组制订工作计划

在选定规划编制组成员后，规划编制组应与领导小组一起商量出景区规划的行动计划。详细描述景区室内调研、野外实地踏勘以及规划编制工作的进度安排，最终计划安排须明确标出完成各项工作预计所需时间及达到的阶段目标。

⑤室内资料调研

在着手进行实地考察之前，规划编制团队应当通过集中学习或进行对话交流等方式，全面了解规划地点的基础信息，并对规划编制委托方预先提供的资料进行深入的分析。

⑥田野考察调研

田野考察调研不仅是旅游景区规划和开发的关键先决条件，也是规划组直接与规划对象进行信息交流的平台。该工作主要包括对旅游景区内资源和开发条件的全面调查和评估，以及对旅游景区的历史发展、资源分布和结构特性的深入了解。在进行田野调查的过程中，应加强与本地居民、旅游管理部门和游客的观察与交流，这样可以获得更多收益，例如，发掘新的旅游资源或探索新的资源开发策略等。

⑦编制旅游景区规划初稿、中稿以及终稿

细致的田野考察之后，景区规划编制组应根据自己的建议，提出景区规划思路与构想，并完成规划纲要交与规划编制委托方征求意见，使规划不断朝着满足规划编制方要求的方向趋近。同时，根据达成一致的旅游景区规划纲要，在一定期限内完成规划总文本初稿的撰写工作。

扫描下方二维码获取更多理论知识：

链接 11-1

旅游景区规划

二、材料准备

收集相关法律法规，如《中华人民共和国土地管理法》《中华人民共和国环境保护法》《中华人民共和国森林法》《中华人民共和国资源保护法》《中华人民共和国文物保护法》和《野生动植物保护条例》等；收集相关技术规范，如《风景名胜区总体规划标准》（GB/T 50298—2018）、《旅游规划通则》（GB/T 18971—2003）、《旅游资源分类、调查与评价》（GB/T 18972—2017）等；收集青海省与旅游业相关的发展规划、上位规划等文件完成景区规划的材料准备工作。

链接 11-2

青海湖景区旅游规划

案例：《青海湖景区旅游规划》（链接 11-2）

三、人员准备

人员分组，每组 5 人，明确职责分工（表 11-1）。

表 11-1 任务分工

任务角色	任务内容
组长：	任务：
组员 1：	任务：
组员 2：	任务：
组员 3：	任务：
组员 4：	任务：

 **任务 实施**

步骤一：学习案例背景和规划要求。

研究《青海湖景区旅游规划》案例的基本情况，了解规划的背景、目的和重点。熟悉案例中的规划要求，包括生态保护、旅游设施建设、游客服务等方面的内容。

步骤二：掌握自然景区规划的基本原则和方法。

学习自然景区规划的基本原则，如生态优先、可持续发展、文化保护等。理解自然景区规划的常用方法和流程，包括调查研究、规划编制、评估审批等步骤。结合案例，了解规划实施过程中可能涉及的问题和挑战，为后续分析提供基础支持。

步骤三：分析案例中的亮点和挑战。

辨析案例中的亮点，包括规划创新、景区特色、环境保护措施等方面的突出表现。探究案例中可能存在的挑战，如资源利用冲突、生态环境压力等问题，提醒注意规划实施中的风险点。提出对应策略和建议，寻找解决方案，以促进规划实施的顺利进行。

步骤四：撰写分析与评价报告。

结合案例研究和理论知识，撰写《青海湖景区旅游规划案例分析报告》的框架和内容。突出案例的主要亮点，深入分析规划方案的合理性和可行性，提出具体的评价意见。

步骤五：准备课堂汇报和分享。

制作课堂汇报的简明 PPT 或其他展示材料，突出案例分析和评价结论。在小组内进行报告的讨论和修改，吸收不同意见，提升报告质量。在课堂上积极参与交流，与老师和同学分享案例分析的见解和思考。

 任务总结 及经验分享

○

 **任务 检测**

请扫码答题（链接 11-3）。

链接 11-3

测试题

任务 评价

班级：_____   组别：_____   姓名：_____

表 11-2   自然类旅游景区规划设计任务完成评价

项目	评价内容	评分标准	自我评价	小组评价	教师评价
知识技能（50分）	在规定的时间内完成自然景观旅游景区（青海湖景区）规划设计	深入调研青海湖及其周边地理、生态、文化等各方面的信息，制定规划范围（20分）			
		可行的旅游开发方案（10分）			
		设施和服务设计（10分）			
		社区参与可持续发展原则（10分）			
任务进度（10分）	在规定的时间内完成自然景观旅游景区（青海湖景区）规划设计	全部完成（10分）；完成80%（8分）；完成50%（5分）；完成50%以下不得分			
任务质量（15分）	案例分析报告与设计说明适配，符合相关标准，优缺点总结到位	案例分析报告质量达到要求（5分）；图文适配，分析合理，效果良好（10分）			
素养表现（10分）	案例分析报告完整，设计合理且有创新，图纸及PPT展示清晰	汇报表达合理且有创意，效果良好（5分）；PPT展示清晰（5分）			
思政表现（15分）	与小组成员讲求团队合作精神，态度严谨，注重时效，善于总结分析并分享交流	具有团队协作精神（5分）；具备科学严谨的态度（5分）；善于总结分析并分享交流（5分）			
合计					
自我评价与总结					
教师点评					

任务二 人文类旅游景区规划设计

任务 导入

学生以小组为单位自主选择一个具体的人文景观旅游景区进行调研，根据调研结果制定景区规划设计方案，包括景点布局、交通规划、基础设施建设等，完成项目总体规划、详细性规划和专项规划，形成一份完整的规划方案，并通过 PPT 等方式进行展示，与其他小组分享各自的设计理念和创意，对人文类旅游景区规划过程中的问题与经验进行总结。

任务 工单

班级 _____ 姓名 _____ 学号 _____

任务名称	人文类旅游景区规划设计
任务描述	任务内容：选择一个特定人文景观旅游景区进行深入调研，涵盖地理环境、文化历史、社会特色等方面，以明确人文类景区规划的内容和要求，建立起景区规划的全面认知。 任务目的：通过实地调研，培养学生综合运用相关专业知识的能力，让学生面对真实的规划问题，培养解决实际问题的能力，以深刻理解人文景观旅游规划的多层面复杂性。 任务流程：明确调研范围、实地考察、社区参与、数据收集与整合、规划设计、方案汇报与修改，最终形成具有创新性和实用性的调研报告。 任务方法：实地考察、访谈调查、图书文献研究、小组讨论、模拟讨论等多种方法，旨在使学生全面了解人文景观规划设计的各个方面。
获取信息	要完成任务，需要掌握相关的知识。请收集资料，回答以下问题： 1. 旅游景区规划设计的方法是什么？ 2. 人文类旅游景区规划的内容有哪些？ 3. 人文类旅游景区规划的模式有哪些？ 4. 旅游景区规划设计的程序是什么？

（续表）

任务名称	人文类旅游景区规划设计		
制订计划			
任务实施	按照预先制订的工作计划，完成本任务，并记录任务实施过程。		
	序号	完成的任务	遇到的问题	解决办法

任务 准备

一、知识准备

（一）人文类旅游景区概念及分类

人文旅游景区，也被称作名胜景区，是一个由多个人文旅游景点构成，并以特定的自然景观为背景的相对独立的旅游区域。北京故宫、八达岭长城和卢浮宫等都是这方面的经典代表。人文旅游景区主要以人类的文化景观为核心，涵盖了历史遗迹、建筑风格、园林设计、当地的民俗文化以及艺术创作等多个方面。这些旅游景点展示了人类在文化、科技、宗教和哲学等多个领域的历史变迁，为游客提供了一个了解特定国家或地区历史和文化的宝贵渠道。

人文类旅游景区可分为历史文化名城、古代工程建筑、古代宗教、古代园林以及综合型人文旅游景区等 5 个类别。

1. 历史文化名城

历史文化名城是指保存着丰富历史文化遗产和传统文化特色的城市。这些城市通常拥有悠久的历史、独特的建筑风格和传统的生活方式。游客可以在这些城市中参观历史古迹、博物馆、古建筑等，了解城市的历史和文化。例如，中国的北京、西安等城市。

2. 古代工程建筑

古代工程建筑是指人类历史上建造的具有重要价值的工程建筑。这些建筑可能是水利工程、交通工程、军事工程等，反映了当时的科技水平和人类的智慧。例如，中国的长城、京杭大运河等。

3. 古代宗教

古代宗教是指人类历史上形成的宗教信仰和宗教场所。这些场所包括寺庙、道观、教堂等，是人们祈求神灵保佑、修行和传承宗教文化的重要场所。游客可以在这些场所中了解宗教文化、参拜神灵和体验修行等。

4. 古代园林

古代园林是指人类历史上建造的园林景观。这些园林可能包括山水、建筑、植物等元素，是中国传统园林的重要组成部分。游客可以在这些园林中欣赏自然美和人文景观，体验宁静和谐的氛围。

5. 综合型人文旅游景区

综合型人文旅游景区是指融合了多种人文景观的旅游景区。这些景区可能包括历史遗址、博物馆、艺术馆、民俗村等，是一个综合展示人类文化和历史的场所。游客可以在这些景区中了解到丰富的历史和文化知识，体验各种人文活动和民俗风情。

（二）旅游景观与人文旅游景观的含义

1. 旅游景观的含义

"旅游景观"一词自产生之初，被当作旅游发展的概念性产物，是"景观"概念的延伸和细化，可以理解为旅游者观赏的客观对象。能够被旅游利用的景观，常被等同于旅游资源。

2. 人文旅游景观的含义

人文景观，也被称作文化景观，是由人类的各种活动或携带其信息的物体所组成的视觉景观。人文景观与自然景观一样，在一定程度上反映了人类文明发展过程中形成和演变下来的各种文化现象和社会生活方式。人文景观作为人类历史活动的见证者，是人类思想的物质载体。无论是古代还是现代，无论是有意创造还是无意创造，无论是创造还是改造的实物，只要有人类活动的迹象，并且具有观赏价值的有形事物，都可以被称为人文景观，例如，古战场、园林、建筑、田园、道路等。见表 11-3。

表 11-3 人文旅游景观的分类

主类	次类	基本类型
人文旅游景观	历史古迹遗址旅游景观	古人类生存遗址、古文化遗址、文物散落地、原始聚落、军事遗址与古战场、废城与聚落遗址、名人故居遗址、废弃生产地
	园林建筑设施旅游景观	宫殿、帝陵、宗教建筑、水利工程、交通工程、自然园林、人工园林、建筑小品、人工洞穴、广场、石碑
	文明社会旅游景观	古镇、村落、特色农耕、特色城镇、文化遗产、现代人工景区、主题园、纪念园、特定场所
	人文活动旅游景观	传统节庆、民间习俗、文化艺术、宗教活动、地方特色商品、石刻石窟

（三）人文旅游景观规划设计的原则

链接 11-4

人文旅游景观的
分类

1. 文化原则

旅游景观设计所蕴含的文化意义和艺术特色，可展现出鲜明的地域风貌，或者呈现出独特的民间传统。不夸张地说，旅游本质上是一种文化活动，因此，如果旅游景观想要具有持久的生命力，就必须用其独特的文化内涵来满足游客的心理需求。在进行旅游景观的规划设计时，首先，需要基于对旅游资源的深入研究和评估来确定其核心文化价值，其次，再进行接下来的景观设计工作。在景观设计过程中，必须确保每一个景观元素的设计和它们之间的和谐统一，都应以主题文化为中心进行。

2. 心理原则

景观规划设计的核心目标是通过提升景观的审美观和文化价值，使其更有效地服务于游客，从而实现其经济效益。因此，能否准确把握广大旅游者的消费心态，将直接影响到这种服务的质量和回报率。如果旅游景观设计想要赢得人们的喜爱，那么在设计过程中应该从特定个体的视角出发，充分考虑到人的心理需求，以实现规划设计的"人性化"。

3. 主题性原则

从某一个角度看，主题形象可以被视为景观规划设计的核心，一个具有鲜明个性的主题能够为景观规划设计带来持久的竞争优势。因此，在旅游景观的规划和设计过程中，如何塑造主题形象无疑是一个至关重要的议题。如果某个旅游项目拥有自己独特的故事，那么故事将成为连接旅游市场的一座桥梁。通过这座桥梁，游客能够体验到更高级别的旅游休闲乐趣。在进行景观设计时，设计师自然会围绕与这个故事相关的主题来构建旅游场景，并通过讲故事的方式向游客展示景区的主题。这种方式实际上是基于情感来定义市场。例如，桂林漓江的"九马画山"故事深受游客喜爱，而长江三峡中的巫山神女峰也因其引人入胜的主题故事而广受游客赞誉。

（四）人文旅游景观的规划设计

人文旅游景观规划设计的具体步骤主要分为：

链接 11-5

1. 第一阶段——收集素材

只有完整地、深刻地挖掘并认识到当地旅游景观的文化来源，才能将这些来源整理成非物质文化（包括民间传说、民间习俗、老街地名等）景观的设计素材。

收集素材的方式

2. 第二阶段——整理素材

这一阶段主要做的工作是将收集到的文化素材，整理成逻辑化的文字。逻辑性表现为文化主线的逻辑性和景观设计构想的逻辑性。然后将文字素材转化成图片，即将文字更为直观地予以展现，实现素材由抽象性到直观性的飞跃。这些图片都将成为旅游景观设计的原始素材。

3. 第三阶段——转换元素

将提取的旅游地文化元素所形成的符号与实际景观设计进行结合，是非物质旅游景观设计的重点和难点。文化元素的符号，立足于本土的文化同时，还应创造性地继承和发展。

链接 11-6

转换元素的处理方式

4. 第四阶段——巧妙运用

当旅游景观符号确定下来以后，下一步是将非物质景观符号以某种方式应用到人文旅游景观设计中。地域文化元素可以用点、线、面或体四种方式展现。旅游景观设计符号可以通过各种方式呈现。只要用得巧妙，都会起到意想不到的视觉效果。

扫描下方二维码获取更多理论知识：

链接 11-7

旅游景区规划设计的方法

二、材料准备

收集相关法律法规，如《中华人民共和国土地管理法》《中华人民共和国环境保护法》《中华人民共和国森林法》《中华人民共和国资源保护法》《中华人民共和国文物保护法》和《野生动植物保护条例》等；收集相关技术规范，如《风景名胜区总体规划标准》（GB/T 50298—2018）、《旅游规划通则》（GB/T 18971—2003）、《旅游资源分类、调查与评价》（GB/T 18972—2017）等；收集该景区所在地与旅游业相关的发展规划、上位规划；完成该景区基础资料收集。

链接 11-8

江苏徐州九镜湖生态文化园

三、工具准备

田野调查工具、电脑、绘画图纸、比例尺、画笔等。

四、人员准备

人员分组，每组 5 人，明确职责分工（表 11-4）。

表 11-4　任务分工

任务角色	任务内容
组长：	任务：
组员 1：	任务：
组员 2：	任务：
组员 3：	任务：
组员 4：	任务：

任务 实施

步骤一：选择并调研人文类旅游景区。

小组成员共同选择一个人文类旅游景区作为研究对象，例如，古城、文化遗址等。通过网络搜索、地图查询等方式收集景区相关信息，包括地理环境、历史文化、旅游设施等。分析景区的特色与问题，确定规划目标和发展方向，确保规划设计符合景区实际需求。

步骤二：制定人文类旅游景区规划设计方案。

小组成员共同讨论，设计景点布局、交通规划、基础设施建设等，考虑生态保护、游客体验等因素。运用规划方法和工具，如 SWOT 分析、环境评价等，优化规划方案，确保可行性和可持续发展。制定总体规划、详细规划和专项规划方案，明确任务分工。

步骤三：方案评估和优化。

小组成员内部相互交流，提出改进建议，共同完善规划设计方案。与其他小组开展交流与合作，分享设计理念和经验。对规划方案进行评估，着重考虑方案实施的可行性和适应性，及时调整和优化细节。

步骤四：学习成果呈现。

制作简洁清晰的呈现材料，如 PPT 演示、海报展示等，突出设计亮点和关键信息。小组成员轮流演讲，共同展示规划方案。

步骤五：学习总结。

小组成员集体讨论，总结人文类旅游景区规划设计过程中的收获与问题，提出改进措施和未来发展方向。确定团队在规划设计中的优势与不足，鼓励成员之间相互学习与分享经验。

 任务总结 及经验分享

 链接 11-9

任务 检测

请扫码答题（链接 11-9）。

测试题

任务评价

班级：_____　　　组别：_____　　　姓名：_____

表 11-5　人文类旅游景区任务完成评价

项目	评价内容	评分标准	自我评价	小组评价	教师评价
知识技能（50分）	在规定时间内完成一个具体的人文旅游景区调研，形成规划方案	选择一个特定人文景观旅游景区进行深入调研（10分）			
		涵盖地理环境、文化历史、社会特色等方面（10分）			
		以明确人文类景区规划的内容和要求（10分）			
		建立起景区规划的全面认知（10分）			
		形成一份完整的规划方案，并通过PPT的方式进行展示（10分）			
任务进度（10分）	在规定的时间内完成人文景观旅游景区调研与规划方案设计	全部完成（10分）；完成80%（8分）；完成50%（5分）；完成50%以下不得分			
任务质量（15分）	调研设计方案与设计说明适配，符合相关标准，优缺点总结到位	规划方案质量达到要求（5分）；图文适配，分析合理，效果良好（10分）			
素养表现（10分）	规划方案完整，设计合理且有创新，汇报及PPT展示清晰	方案表达合理且有创意，效果良好（5分）；PPT展示清晰（5分）			
思政表现（15分）	与小组成员讲求团队合作精神，态度严谨，注重时效，善于总结分析并分享交流	具有团队协作精神（5分）；具备科学严谨的态度（5分）；善于总结分析并分享交流（5分）			
合计					
自我评价与总结					
教师点评					

任务三　旅游景区调查分析与评价

任务导入

请以青海湖景区为例，参考给定的青海湖景区规划案例，以小组为单位对青海湖景区范围内的旅游资源进行调查，依据《旅游资源分类、调查与评价》（GB/T 18972—2017）中的资源分类标准及旅游资源的性质进行分类；对青海湖景区进行SWOT评价，评估景区的优势、劣势、机遇和挑战，并提出合理的建议，以提高景区的竞争力、可持续发展和游客体验，最终完成一份关于《青海湖景区旅游资源调查分析与评价报告》。

任务工单

班级 ＿＿＿＿＿＿＿＿＿＿　　姓名 ＿＿＿＿＿＿＿＿＿＿　　学号 ＿＿＿＿＿＿＿＿＿＿

任务名称	旅游景区调查分析与评价
任务描述	**任务内容：**选择一个具体的旅游景区进行综合调查分析与评价。内容包括景区的地理环境、历史背景、游客流量、服务设施、文化资源等多方面的详尽调研，以深入了解景区的特点与评价。 **任务目的：**通过对景区的综合评价，为景区提出可能的改进和发展建议，锻炼学生提出解决方案的能力。 **任务流程：**选择调研景区、设计调查计划、实地调查、数据分析、编写报告和报告汇报。 **任务方法：**通过问卷调查、深度访谈、现场观察等方法，学生能够获取多样化的信息，为对景区的全面评价提供充分依据。任务方法强调实际操作和团队协作，提高学生的分析技能。
获取信息	要完成任务，需要掌握相关的知识。请收集资料，回答以下问题： 1. 旅游资源调查的类型与方法有哪些？ 2. 旅游资源如何进行分析与评价？ 3. 旅游景区需要从哪些角度进行整体分析？

（续表）

任务名称	旅游景区调查分析与评价		
获取信息	4.旅游景区规划的原则是什么？ 5.旅游景区如何进行 SWOT 分析？		
制订计划			
任务实施	按照预先制订的工作计划，完成本任务，并记录任务实施过程。		
	序号	完成的任务	遇到的问题	解决办法

📚 **任务准备**

一、知识准备

（一）旅游资源的概念

《旅游资源分类、调查与评价》（GB/T 18972—2017）将旅游资源定义为自然界和人类社会中能对旅游者产生吸引力，可为旅游业开发利用，并可产生经济效益、社会效益和环境效益的各种事物和因素。该定义既包括已经被开发出来、供游客旅游的旅游资源，也包括未被开发出来，但达到人类旅游标准的资源。

（二）旅游资源分类

根据《旅游资源分类、调查与评价》（GB/T 18972—2017），可将旅游资源分为8个主类（包括 A 地文景观、B 水域风光、C 生物景观、D 天象与气候景观、E 遗址遗迹、F 建筑与设施、G 旅游商品、H 人文活动。其中 A、B、C、D 属于自然旅游资源，E、F、G、H 属于人文旅游资源）、31 个亚类、155 个基本类型 3 个层次（链接 11-10）。

（三）旅游资源调查

1.旅游资源调查要求

第一，通过潜在和现实旅游者的旅游兴趣点或其对游憩利用状况进行判断。对特殊旅游环境的评价须考虑潜在开发的可行性，不仅仅是考虑其现实条件。

第二，资源调查时结合引起资源变化的条件。如资源可能变化的趋势和倾向，形成资源的特殊因素、可能破坏资源的危险要素等。调查分析时需要考虑的要素见链接11-10。

第三，分析评价旅游资源尽可能用相似的方法进行分析评估，其结果才有可比性。

第四，分析调查结果清晰化和可视化。借助图表和录像等使调查分析结果生动清晰。

链接 11-10

旅游资源调查分析考虑因素、旅游景区资源调查前准备要素、旅游资源分类及释义表

2. 旅游资源调查准备

景区旅游资源调查前要做细致充分的准备，保证在时间和资金有限的情况下，调查到足够的覆盖面和可比较的、尽量量化的结果。调查前的准备事项见链接11-10。

3. 旅游资源调查方法

（1）实地踏勘法

这是最基本的调查方法。调查人员通过观察、踏勘、测量、拍照、摄像、填绘等方式，直接获得旅游资源的第一手资料；必要时还要提取样本（水样、植物、石质、土质），进行仪器测试（负离子测量、矿泉水化验等）。

（2）文献查阅法

文献查阅称间接调查法，是通过收集旅游资源的各种现有信息数据和情报资料，如农业、林业、土地、交通、气象、环境、文化等部门的调研资料和规划统计数据，以及相关的刊物、汇编、专著、论文等，从中提取与资源调查项目有关的内容，进行旅游景区规划设计分析研究的一种调查方法。

（3）询问调查法

这是获得旅游资源第二手资料的主要途径。是调查者用访谈询问的方式，了解旅游资源情况，弥补调查人力不足，时间较短、资金有限等不利因素的影响的一种方法。

（4）遥感调查法

通过对卫星照片、航空照片等遥感图像的综合分析判断，全面掌握调查景区旅游资源现状、判读各景点的空间布局和组合关系的调查方法。

（四）旅游景区分析与评价

1. 景区区位条件分析

景区区位条件是指景区与周围事物关系的总和，包括地理位置关系、地域分工关系、地缘经济关系以及交通信息关系等。景区区位条件的调查分析主要包括景区的地理区位、交通区位、经济区位、文化区位和旅游区位的分析。分析要点见表11-6。

表 11-6　旅游景区区位条件分析要点

序号	区位类型	分析要点
1	地理区位	规划景区的绝对位置（如经度、纬度、气候地带性）、相对位置（如与周边地区的空间距离等）
2	交通区位	景区在交通大格局中的位置；客源地到景区的空间距离及可达程度；景区之间和景区内交通工具的时间距离；景区与周边机场、火车站、码头之间的依托关系
3	经济区位	景区的绝对经济区位条件（如经济发展水平、发展速度等）、相对经济区位条件（与周边地区的主要经济指标比较）
4	文化区位	景区所处的文化区域、景区内的文化类型；客源地与景区文化的相似程度、差异程度
5	旅游区位	景区与客源地、周边旅游中心城市（集散中心）、重点景区之间的关系

2. 景区场地适应性分析

包括景区气候适宜性分析、生态与环境分析、安全性分析。

（1）景区气候适应性分析

气候舒适度：气象参数（温度、湿度、风速、太阳辐射照度等）的月变化范围。

降水：雨季、持续时间、降雨强度。

日照：适宜日照天数、日照强度。

风向：主导适宜风的风向。

极端情况：暴风雪、洪水、干旱频率。

（2）景区生态与环境分析

地貌和地形：对影响景区微气候的各种地形和地貌进行分析；植被类型及分布：包括植物种类组成和数量、植物群落结构与垂直高度关系，以及土壤特征等因素对气温、湿度、风速的影响。适合游客活动的地形和地貌包括爬山、长途旅行、滑雪等；这里的地貌特点包括有利的地形、火山、溶洞、险峻的道路和沙丘等独特区域。

上述的分析成果将针对几个核心问题提供旅游景区规划设计的解决方案：

概括景区在一年的某个时间段内，哪些气候条件对旅游活动是有利的，哪些是限制的。分析不同季节影响游客出行和游览体验的主要气象因子，并利用气象学方法预测未来一段时间内可能发生的不利事件。对研究成果进行记录，并对景区的气候舒适度进行分区。

（3）景区安全性分析

就是要分析哪些因素会影响景区的旅游活动，包括自然的不可抗力和人为的危险。这些潜在的不利条件需要从游客和投资者的视角加以分析。

3. 旅游景区设施分析

景区设施包括旅游基础设施和旅游服务设施。景区中已有的设施必须经过检验，确定还可使用的弹性程度。详细分析内容如下。

（1）住宿、餐饮、休闲运动的服务设施。具体分析这些设施的所在场所与其他资源设施的关联性，场所容量，设施的年代和特征、质量标准和服务内容，设施的所有权，设施提供的就业机会。

（2）交通设施。分析景区游客的主要交通方式，旅行模式，景区交通的相对费用和交通服务条件；分析景区交通网络、交通容量及相关处理设施。

（3）基础设施。分析供水、供电、通信、网络等基础设施系统的可靠性、质量、总容量、扩容潜力、替代资源、供应与操作成本。分析景区内是否有基础设施相对不方便进入的区域，改变的可行性大小。

4. 旅游景区总体 SWOT 分析评价

SWOT 分析是对景区发展环境、旅游资源、客源市场、旅游竞争与合作分析的战略分析方法。是对景区内外部条件的各方面内容进行归纳和概括，分析其优势、劣势、机遇和挑战，并依照矩阵形式排列，然后将各因素相互匹配进行系统分析。其中，优势和劣势属于景区的内部条件，机遇和挑战属于外部条件。根据景区的旅游资源评价与 SWOT 分析结果，即可对景区状况做出初步的总体评价，并抓住其核心价值部分进行主题定位决策。

（1）内部环境

内部环境分析的目的是深入了解景区的内部条件，包括旅游资源、旅游开发的基础、基本设施、服务的质量和管理的水平等，从而明确景区的优点和缺点，并建立其独特的核心竞争力。

在景区规划中，主要关注的优势要素包括地理位置、资源储备、市场潜力、环境条件以及未来发展等多个方面。地理位置上的优势涵盖了经济和地理位置的合适性、交通的地理优势、独特的网络布局以及明显的边界优势；旅游资源的优越性体现在其种类繁多、数量庞大、地理分布高度集中、级别相对较高以及具有鲜明特色等多个方面；客源市场的优势体现在与城市群相邻、拥有庞大的人口基数、高度的城市化进程以及高人均收入；环境的优越性体现在多个方面，包括政策环境、社会文化背景、生态环境以及技术环境的优越性等。

劣势因素与优势因素大体相同，含义相反。

（2）外部环境

对景区的外部环境进行分析的主要目标是确定影响景区成长的关键因素及其变化方向，从而识别出有益的机遇和潜在的风险，进而制定出合适的策略。

景区规划关注的机会因素包括宏观层面的机遇、微观层面的机会和需求方面的机遇。宏观层面的机遇包括宏观经济的发展、安定的政治局面、国家出台的利于旅游发展的政策等；微观方面的机会主要是景区的基础设施建设、与其他景区的合作、重大的节庆事件等；需求方面的机遇是旅游需求扩大、旅游需求变化与景区产品相关等。

景区的挑战因素主要是来自外部的压力因素，包括周边景区的竞争性威胁、开发与保护的矛盾等。

二、材料准备

典型的旅游景区旅游资源调查案例收集 2～3 个；国家标准《旅游资源分类、调查与评价》（GB/T 18972—2017）；青海湖景区旅游资源及其赋存环境有关的各类文字描述资料，包括地方志书、乡土教材、旅游区与旅游点介绍、规划与专题报告等；与青海湖景区相关的各类图形资料，重点是反映旅游环境与旅游资源的专题地图；与青海湖景区相关的各种照片、影像资料。

三、工具准备

实地调查所需的设备如定位仪器、简易测量仪器、影像设备等；多份"旅游资源单体调查表"。

四、人员准备

人员分组，每组 5 人，明确职责分工（表 11-7）。

表 11-7 任务分工

任务角色	任务内容
组长：	任务：
组员 1：	任务：
组员 2：	任务：
组员 3：	任务：
组员 4：	任务：

任务 实施

步骤一：理解并运用国家标准《旅游资源分类、调查与评价》（GB/T 18972—2017）。

阅读国家标准《旅游资源分类、调查与评价》，重点理解调查与评价方法、原则和要求。制订调查计划，确保满足标准的要求，例如，调查范围、数据采集方式等。

步骤二：收集青海湖旅游资源相关资料。

收集青海湖景区的地理位置、生态环境、历史文化等方面的资料。对收集到的资料进行整理和分类，以备支撑后续的调查与评价工作。

步骤三：运用旅游景区调查分析与评价的方法。

结合国家标准和课本所学知识，从自然环境和人文环境两个方面，分析青海湖景区的旅游资源调查内容。采用合适的调查方法和工具，对青海湖景区进行实地调查和评价。在调查和评价过程中，重点关注青海湖景区的自然特征、生态保护、旅游设施等方面。

步骤四：结合《青海湖景区旅游规划》案例进行 SWOT 分析评价。

分析《青海湖景区旅游规划》案例中的优势、劣势、机遇和挑战。结合实地调查和收集的资料，识别青海湖景区的 SWOT 因素。利用 SWOT 分析工具，对青海湖景区的旅游资源进行评价，提出可行性建议和发展策略。

步骤五：编写青海湖景区旅游资源调查分析与评价报告。

根据前期调查与分析结果，编写《青海湖景区旅游资源调查分析与评价报告》的框架和内容。在小组内进行报告的审查和修改，确保报告的质量和完整性，最终完成报告并准备课堂汇报，积极参与讨论与交流，总结经验教训。

 任务总结 及经验分享

 任务 检测

请扫码答题（链接 11-11）。

链接 11-11

测试题

任务 评价

班级：＿＿＿＿＿＿　　　组别：＿＿＿＿＿＿　　　姓名：＿＿＿＿＿＿

表 11-8　旅游景区调查分析与评价任务完成评价

项目	评价内容	评分标准	自我评价	小组评价	教师评价
知识技能（50分）	青海湖景区旅游资源的调查分析与评价	青海湖景区范围内的旅游资源进行分类（10分）			
		对青海湖景区进行 SWOT 评价，评估景区的优势、劣势、机遇和挑战（20分）			
		提出合理的建议，以提高景区的竞争力、可持续发展和游客体验（10分）			
		完成一份关于青海湖景区旅游资源调查分析与景区评价报告。（10分）			

（续表）

项目	评价内容	评分标准	自我评价	小组评价	教师评价
任务进度（10分）	在规定的时间内完成青海湖景区旅游资源的调查分析与评价，并形成评价报告	全部完成（10分）；完成80%（8分）；完成50%（5分）；完成50%以下不得分			
任务质量（15分）	分析评价报告与设计说明适配，符合相关标准，优缺点总结到位	分析评价报告质量达到要求（5分）；图文适配，分析合理，效果良好（10分）			
素养表现（10分）	分析评价报告完整，设计合理且有创新，汇报及PPT展示清晰	报告表达合理且有创意，效果良好（5分）；PPT展示清晰（5分）			
思政表现（15分）	与小组成员讲求团队合作精神，态度严谨，注重时效，善于总结分析并分享交流	具有团队协作精神（5分）；具备科学严谨的态度（5分）；善于总结分析并分享交流（5分）			
合计					
自我评价与总结					
教师点评					

参考文献

丁绍刚，2008. 风景园林概论［M］. 北京：中国建筑工业出版社.

付军，张维妮，2021. 风景园林规划设计实训指导书［M］. 北京：化学工业出版社.

葛静，2018. 中国园林构成要素分析［M］. 天津：天津科学技术出版社.

郭玲，李艳妮，2021. 园林规划设计［M］. 北京：中国农业大学出版社.

胡长龙，2010. 园林规划设计 下册［M］. 北京：中国农业出版社.

花园集俱乐部，2018. 造园行业规范指导手册［M］. 南京：江苏凤凰科学技术出版社.

黄金凤，李玉舒，2012. 园林植物［M］. 北京：中国水利水电出版社.

李慧峰，2011. 园林建筑设计［M］. 北京：化学工业出版社.

李群，2011. 浅议园林规划设计的程序［J］. 农家科技（S1）：51.

任有华，李竹英，2009. 园林规划设计［M］. 北京：中国电力出版社.

宋会访，2011. 园林规划设计［M］. 北京：化学工业出版社.

孙晓丽，李永怀，姜波，等，2012. 建筑材料［M］. 西安：西安交通大学出版社.

唐进群，刘冬梅，贾建中，2008. 城市安全与我国城市绿地规划建设［J］. 中国园林（9）：1-4.

肖姣娣，覃文勇，曹洪侠，2015. 园林规划设计［M］. 北京：中国水利水电出版社.

徐敏，陈涵子，2015. 景观植物设计［M］. 北京：人民邮电出版社.

颜文明，吴寒冰，2020. 庭院设计［M］. 武汉：华中科技大学出版社.

杨赉丽，2006. 城市园林绿地规划（第二版）［M］. 北京：中国林业出版社.

衣学慧，2006. 园林艺术［M］. 北京：中国农业出版社.

尹赛，郜杰，赵玉凤，2018. 景观设计原理［M］. 北京：中国建筑工业出版社.

余树勋，1998. 花园设计［M］. 天津：天津大学出版社.

曾艳，王植芳，陈丽，等，2015. 风景园林艺术原理［M］. 天津：天津大学出版社.

张恩权，李晓阳，张敬，2020. 图解动物园设计［M］. 北京：中国建筑工业出版社.

张纵，王丽莉，张霞，等，2004.园林与庭院设计［M］.北京：机械工业出版社.

赵建民，2015.园林规划设计［M］.北京：中国农业出版社.

周海如，2015.园林小品设计制作［M］.湘潭：湘潭大学出版社.

周维权，2008.中国古典园林史［M］.北京：清华大学出版社.